特种加工技术
（第2版）

主　编　曹　伟　张　萍　徐利云

副主编　于瑛瑛　李　强　解淑英　邹妮娴

参　编　刘凤景　邹仁平　董　刚　刘　亮

北京理工大学出版社
BEIJING INSTITUTE OF TECHNOLOGY PRESS

内 容 简 介

本书结合作者在特种加工行业的教学、科研及生产实践经验，在第 1 版基础上打破原有学科体系框架，以工作过程为导向，以完成企业生产中的常用零件项目任务为主线组织编写。全书共分为三大模块，模块一为电火花加工，主要讲解电火花成形加工的相关知识，共 3 个项目，分别为电火花加工断入工件的丝锥、电火花加工模具锥孔面、电火花加工模具孔形型腔。模块二为电火花线切割加工，主要讲解电火花线切割加工的相关知识，共 3 个项目，分别为线切割加工五角星图案、线切割加工切断车刀、线切割加工同心圆环。模块一和模块二采用任务驱动的形式，按照加工工艺流程完成了工件的装夹、校正，电极的设计，电极或电极丝的装夹、校正，电极和电极丝的精确定位，加工工艺参数的选择，程序的编制等的学习与实操。模块三有 4 个项目、8 个任务，主要讲解了电化学加工、激光加工、超声加工、快速成形加工等特种加工方法的原理、规律与应用。

本书可作为高等院校机械类及其他相关专业特种加工课程的教材，也可作为从事特种加工生产方面的工程技术人员和技术工人的参考用书。

图书在版编目（CIP）数据

特种加工技术 / 曹伟，张萍，徐利云主编. -- 2 版
. -- 北京：北京理工大学出版社，2021.8
ISBN 978 - 7 - 5763 - 0204 - 2

Ⅰ. ①特… Ⅱ. ①曹… ②张… ③徐… Ⅲ. ①特种加工 - 教材 Ⅳ. ①TG66

中国版本图书馆 CIP 数据核字（2021）第 170769 号

出版发行 / 北京理工大学出版社有限责任公司
社　　址 / 北京市海淀区中关村南大街 5 号
邮　　编 / 100081
电　　话 / （010）68914775（总编室）
　　　　　 （010）82562903（教材售后服务热线）
　　　　　 （010）68944723（其他图书服务热线）
网　　址 / http：//www.bitpress.com.cn
经　　销 / 全国各地新华书店
印　　刷 / 唐山富达印务有限公司
开　　本 / 787 毫米 × 1092 毫米　1/16
印　　张 / 15　　　　　　　　　　　　　　　　责任编辑 / 多海鹏
字　　数 / 340 千字　　　　　　　　　　　　　　文案编辑 / 多海鹏
版　　次 / 2021 年 8 月第 2 版　2021 年 8 月第 1 次印刷　　责任校对 / 周瑞红
定　　价 / 67.00 元　　　　　　　　　　　　　　责任印制 / 李志强

前　言

本教材以落实立德树人、培养精益求精的工匠精神为宗旨，深入贯彻电火花国家职业标准和行业标准等，紧密围绕地方产业需求，以应用为目的，积极推行三教改革和课程思政。本次教材再版编写时，紧扣高等职业教育特色和教育教学规律，打破原有学科体系框架，以工作过程为导向，以企业生产中的常用零件项目任务为驱动，将知识与技能融合，以能力为本位，以学生为主体，以实用、够用为原则，根据职业技能要求组织教材，在编写理念、内容、体例、形式等方面都具有特色与创新。

1. 教材特色

职业特色：本教材从特种加工类岗位职业能力入手，与企业专家共同开发、编写教材，教材内容与职业岗位相通；改变传统学科体系为项目式教材体例，充分体现了高职教育的基本特色。

层次特色：本教材基于能力本位，按行动导向的原则进行编排，引入企业真实特种加工生产案例和零部件，如电火花和线切割加工中以完成某一具体零件加工的过程开发教学模块，删减了公式推导、原理分析类内容，重视实践环节，强化实际操作训练，全书不仅介绍了以电火花为代表的特种加工专业知识，同时充实了职业素养等内容，以提高学生的职业归属感。

时代特色：本教材将新知识、新工艺、新技术、新标准等融入教材，如增加制造类的快速成形加工等新工艺，摒弃陈旧落后的内容，体现现代科学技术发展的水平，同时考虑学生个性和未来发展的需要，引发学生对于问题思考、技术创新的欲望。

2. 教材创新

体例创新：本教材充分体现高等职业教育的基本特色和教育教学规律，在结构上打破教材学科体系，以案例式、项目式作为编写体例，符合学生的学习特点，便于教师教和学生学。

形式创新：本教材充分运用现代信息技术，将各种媒体介质和教材资源有机整合，形成图文并茂，版面新颖，融声音、图像、文字、动画为一体的多媒体立体化教材，克服了纸质教材不够生动、形象的缺点，便于教师实现信息化教学，满足了学生个性化学习的需求。

全书共分为三个模块，由烟台汽车工程职业学院曹伟编写模块一中的项目一、项目二，烟台汽车工程职业学院张萍编写模块二中的项目四、项目五，烟台汽车工程职业学院于瑛瑛、邹妮娴编写模块三中的项目七、项目十，烟台汽车工程职业学院李强、解淑英编写模块三中的项目八、项目九，烟台汽车工程职业学院刘凤景、邹仁平编写模块二中的项目六，烟台汽车工程职业学院董刚、烟台霍富汽车锁有限公司刘亮编写模块一中的项目三。

在编写本书的过程中，我们参阅了国内外同行的资料并搜集了大量网络资源，得到了专家与朋友的大力支持和倾情帮助，在此表示衷心的感谢！

由于本书涉及内容广泛，技术发展迅速，而编者水平有限，书中难免有疏漏和不妥之处，敬请广大读者批评指正。

编　者

目　录

模块一

电火花加工

项目一 电火花加工断入工件的丝锥

 项目导入

机械装配中常采用螺纹连接，而加工螺纹必不可少的刀具就是钻头和丝锥。用丝锥攻丝时，由于刀具硬而脆，抗弯、抗扭强度低，故往往被折断在孔中，如图 1-1 所示。为了避免工件报废，可采用电火花加工方法取出断入工件的丝锥。本项目中丝锥规格为 $\phi5$ mm，断入工件部分的长度约为 20 mm。

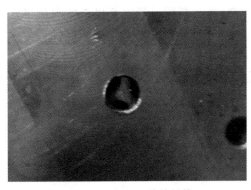

图 1-1 断入工件的丝锥

 项目分解

任务一 认识电火花加工
任务二 电火花机床操作加工

 项目目标

知识目标
1. 掌握电火花加工原理
2. 掌握电火花加工具备的条件
3. 理解电火花加工的微观过程
4. 了解电火花机床结构

能力目标

1. 能熟练操作电火花机床
2. 能初步进行工件和电极的装夹与定位

素质目标

1. 培养安全规范的生产意识
2. 培养严谨认真的工作作风
3. 培养分析和解决问题的能力

任务一　认识电火花加工

 任务导入

在日常生活中使用电器开关时，有时会伴随噼噼啪啪声，看到蓝色的火花，电器开关处会变黑，产生接触不良。1870年，英国科学家普里斯特利最早发现电火花对金属的腐蚀作用，1943年，苏联科学家拉扎连科夫妇率先对这种电腐蚀现象做进一步研究，从而发现了一种新的金属加工方法——电火花加工。电火花加工是应用广泛的特种加工方法之一，特种加工可以用比加工对象硬度低的工具甚至没有成形的工具，通过电能、化学能、光能、热能等形式对材料进行加工。下面让我们来认识一下电火花加工吧。

 任务目标

知识目标

1. 掌握电火花加工原理
2. 掌握电火花加工具备的条件
3. 理解电火花加工的微观过程

能力目标

能够初步编制电火花加工工艺

素质目标

培养分析和解决问题的能力

 知识链接

一、电火花加工原理

电火花加工是在介质中，利用工具电极和工件电极（正、负电极）之间脉冲性火花放电时的电腐蚀现象对材料进行加工，使零件的尺寸、形状及表面质量达到预定要求的加工方法。电火花加工原理如图1-2所示，工件1和工具4分别与脉冲电源2的两输出端相连接，自动进给调节装置3使工具和工件间经常保持一个很小的放电间隙。若脉冲电压加到两极之间，便在当时条件下相对某一间隙最小处或绝缘强度最低处击穿介质，在该局部产生火花放电，瞬时产生的大量热致使工具和工件电极表面的金属产生局部熔化甚至气化而被蚀除下来，各自形成一个小凹坑，如图1-3所示。脉冲放电结束，经过一段间隔时间，使工作液恢复绝缘后，第二个脉冲电压又加到两极上，又会在当时极间距离相对最近或绝缘强度最低处击穿放电，再电蚀出一个小凹坑，这样，随着相当高的频率连续不断地重复放电，工具电极不断向工件进给，即可将工具的形状复制在工件上，加工出所需要的零件。图1-3（a）所示为单个脉冲放电后的电蚀坑，图1-3（b）所示为多次脉冲放电后的电极表面。电火花加工表面不同于普通金属切削表面具有规则的切削痕迹，其表面是由无数个不规则的放电凹坑组成的。

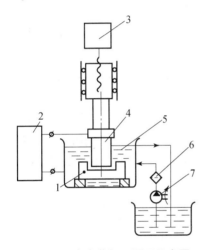

图1-2　电火花加工原理示意图

1—工件；2—脉冲电源；3—自动进给调节装置；
4—工具；5—工作液；6—过滤器；7—工作液泵

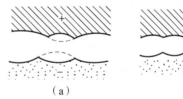

图1-3　电火花加工表面局部放大图

（a）电蚀坑；（b）电极表面

由于具有其他加工方法无法替代的加工能力和独特的仿形效果，加上数控水平和工艺技术的不断提高，电火花加工的应用领域日益扩大，已经覆盖到机械（特别是模具制造）、航空、电子、核能、仪器、轻工等行业。图1-4所示为电火花加工的零件，图1-5所示为电火花加工所用的电极。

图1-4　电火花加工的零件

图1-5　电火花加工所用的电极

二、电火花加工应具备的条件

实现电火花加工应具备以下条件：

（1）工具电极与工件被加工表面必须保持一定的间隙，一般是几个微米至数百微米。若两电极间隙过大，则脉冲电压不能击穿介质而产生火花放电；若间隙过小，则两极间形成短路接触，同样也不能产生电火花放电。因此加工中必须用自动进给调节机构来保证加工间隙随加工状态而变化。

（2）电火花放电必须在有一定绝缘性能的液体介质中进行，例如煤油、皂化液或去离子水等。液体介质有压缩放电通道的作用，同时液体介质还能把电火花加工过程中产生的金属蚀除产物、炭黑等从放电间隙中排出去，并对电极和工件起到较好的冷却作用。

（3）电火花放电必须是瞬时的脉冲性放电，如图1-6所示，放电间隙加上电压后，延续一段时间 t_i，需停歇一段时间 t_0，延续时间 t_i 一般为 $1\sim1\,000\ \mu s$，停歇时间 t_0 一般需 $20\sim100\ \mu s$。由于放电时间短，故放电所产生的热量来不及传导和扩散到其余部分，能量集中，温度高，放电点集中在很小范围内，否则会形成持续电弧放电，使表面烧伤而无法用作尺寸加工。图1-6（a）所示为脉冲电源的空载、火花放电、短路电压波形，图1-6（b）所示为空载电流、火花放电电流和短路电流。图1-6中 t_i 为脉冲宽度；t_0 为脉冲间隔；t_d 为击穿延时；t_e 为放电时间；t_p 为脉冲周期；$\hat{u}_i$ 为脉冲峰值电压或空载电压，一般为 $80\sim100\ V$；$\hat{i}_e$ 为脉冲峰值电流；$\hat{i}_s$ 为短路峰值电流。

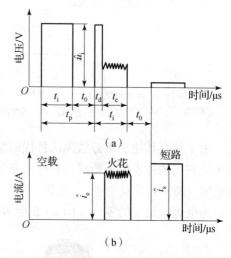

图1-6　晶体管脉冲电源的电压及电流波形

（4）放电点局部区域的功率密度足够高，即放电通道要有很高的电流密度。放电时所产生的热量足以使放电通道内金属局部产生瞬时熔化甚至气化，从而在被加工材料表面形成一个电蚀凹坑。

（5）在先后两次脉冲放电之间，需要有足够的停歇时间排除电蚀产物，使极间介质充

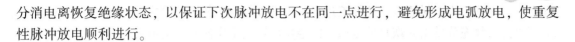

分消电离恢复绝缘状态，以保证下次脉冲放电不在同一点进行，避免形成电弧放电，使重复性脉冲放电顺利进行。

三、电火花加工的微观过程

每次电火花放电的微观过程大致可分为以下四个连续阶段：极间介质的电离、击穿，形成放电通道；介质热分解，电极材料熔化、气化，热膨胀；电极材料的抛出；极间介质的消电离。

1. 极间介质的电离、击穿，形成放电通道

当脉冲电压施加于工具电极与工件之间时，两极之间形成电场，随着极间电压的升高或极间距离的减小，极间电场强度随之增大。由于工具电极和工件的微观表面是凹凸不平的，因而极间电场强度不均匀，两极间距离最近的 A、B 处电场强度最大，如图 1-7（a）所示。当极间距离小到一定程度时，阴极逸出的电子在电场作用下高速向阳极运动并撞击工作液介质中的分子及中性原子，产生碰撞电离，又形成带负电的粒子和带正电的粒子，导致带电粒子雪崩式增多，最终导致液体介质被电离、击穿，形成放电通道。放电通道是由大量高速运动的带正电和带负电的粒子以及中性粒子组成的，由于通道截面很小，通道内因高温热膨胀形成的压力高达几万帕，高温高压的放电通道急速扩展，产生一个强烈的冲击波向四周传播。在放电的同时还伴随着光效应和声效应，这就形成了肉眼所能看到的电火花。

2. 电极材料的熔化、气化热膨胀

液体介质被电离、击穿，形成放电通道后，通道间带负电的粒子奔向正极，带正电的粒子奔向负极，粒子间相互撞击，产生大量的热能，使通道瞬间达到很高的温度。通道高温首先使工作液汽化，进而气化，然后高温向四周扩散，使两电极表面的金属材料开始熔化直至沸腾气化。气化后的工作液和金属蒸气体积瞬间猛增，就像火药、爆竹点燃后一样具有了爆炸的特性，如图 1-7（b）和图 1-7（c）所示，所以在观察电火花加工时，可以看到工件与工具电极间有冒烟现象，并听到轻微的爆炸声。

3. 电极材料的抛出

正负电极间产生的电火花现象，使放电通道产生高温高压，通道中心的压力最高，工作液和金属气化后不断向外膨胀，形成内外的瞬间压力差，高压力处的熔融金属液体和蒸气被排挤，抛出放电通道，大部分被抛入到工作液中。由于表面张力和内聚力的作用，使抛出的材料具有最小的表面积，冷凝时凝聚成细小的圆球颗粒，如图 1-7（d）所示。仔细观察电火花加工，可以看到橘红色的火花四溅，这就是被抛出的高温金属熔滴和碎屑。熔化和气化了的金属在抛离电极表面时向四处飞溅，除绝大部分抛入工作液中并收缩成小颗粒外，还有一小部分飞溅、镀覆、吸附在对面的电极表面上，这种互相飞溅、镀覆以及吸附的现象称为覆盖效应。覆盖效应在某些条件下可以用来减少或补偿工具电极在加工过程中的损耗。

4. 极间介质的消电离

加工液流入放电间隙后，将电蚀产物及残余的热量带走，并恢复绝缘状态，如图 1-7（e）所示。若电火花放电过程中产生的电蚀产物来不及排除和扩散，产生的热量将不能及时传出，使该处介质局部过热，局部过热的工作液高温分解、积炭，使加工无法继续进行，并烧坏电极。因此，为了保证电火花加工过程的正常进行，在两次放电之间必须有足够的时间间隔让电蚀产物充分排出，恢复放电通道的绝缘性，使工作液介质消电离。

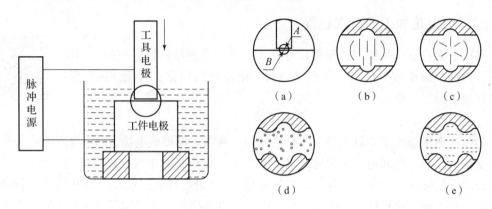

图1-7　电火花加工的微观过程

四、电火花加工分类

按工具电极和工件相对运动的方式和用途的不同，电火花加工大致可分为电火花穿孔成形加工、电火花线切割加工、电火花同步共轭回转加工、电火花高速小孔加工、电火花表面强化与刻字六大类。前五类属于电火花成形、尺寸加工，是用于改变工件形状和尺寸的加工方法；后者则属于表面加工方法，用于改善或改变零件表面性能。目前以电火花穿孔成形和电火花线切割应用最为广泛，也是本书讲解的重点内容。表1-1所示为电火花加工的类型及适用范围。

表1-1　电火花加工的类型及适用范围

序号	工艺类型	特点	适用范围	备注
1	电火花穿孔成形加工	（1）工具和工件间主要有一个相对的伺服进给运动；（2）工具为成形电极，与被加工表面有相同的截面和相反的形状	（1）穿孔加工：各种冲模、挤压模、粉末冶金模、异形孔及微孔等；（2）型腔加工：各类型腔模及各种复杂的型腔零件	约占电火花机床总数的30%，典型机床有D7125、D7140等电火花穿孔成形机床
2	电火花线切割加工	（1）工具电极为顺电极丝轴线方向移动着的线状电极；（2）工具与工件在两个水平方向同时有相对伺服进给运动	（1）切割各种冲模和具有直纹面的零件；（2）下料、截割和窄缝加工	约占电火花机床总数的60%，典型机床有DK7725、DK7740数控电火花线切割机床

序号	工艺类型	特点	适用范围	备注
3	电火花内孔、外圆和成形磨削	（1）工具与工件有相对的旋转运动； （2）工具与工件间有径向和轴向的进给运动	（1）加工高精度、表面粗糙度小的小孔，如拉丝模、挤压模、微型轴承内环、钻套等； （2）加工外圆、小模数滚刀等	约占电火花机床总数的3%，典型机床有D6310电火花小孔内圆磨床等
4	电火花同步共轭回转加工	（1）成形工具与工件均做旋转运动，但二者角速度相等或成整数倍，相对应接近的放电点，可有切向相对运动速度； （2）工具相对工件可做纵、横向进给运动	以同步回转、展成回转、倍角速度回转等不同方式，加工各种复杂型面的零件，如高精度的异形齿轮，精密螺纹环规，高精度、高对称度、表面粗糙度小的内、外回转体表面等	占电火花机床总数不足1%，典型机床有JN-2、JN-8内外螺纹加工机床
5	电火花高速小孔加工	（1）采用细管（>φ0.3 mm）电极，管内冲入高压水基工作液； （2）细管电极旋转； （3）穿孔速度较高（60 mm/min）	（1）线切割穿丝预孔； （2）深径比很大的小孔，如喷嘴等	约占电火花机床的2%，典型机床有D703A电火花高速小孔加工机床
6	电火花表面强化、刻字	（1）工具在工件表面上振动； （2）工具相对工件移动	（1）模具刃口，刀、量具刃口表面强化和镀覆； （2）电火花刻字、打印记	占电火花机床总数的2%～3%，典型设备有D9105电火花强化器等

任务实施

电火花加工一般按图1-8所示步骤进行。

电火花加工主要由三部分组成，即电火花加工的准备工作、电火花加工、电火花加工的检验，其中电火花加工的准备工作包括电极准备、电极装夹、工件准备、工件装夹、电极和

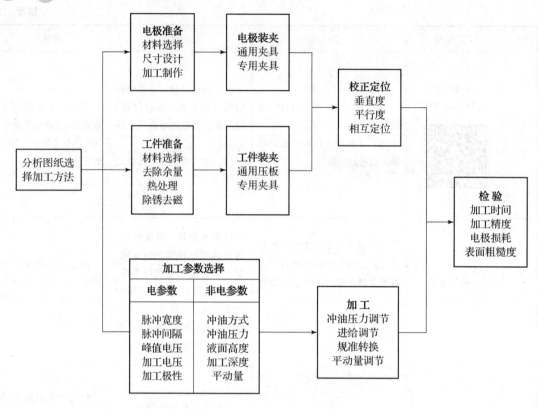

图 1-8　电火花加工的步骤

工件的找正定位等。电火花加工可以加工通孔和盲孔，前者称为电火花穿孔加工，后者称为电火花成形加工，它们的加工工艺方法不尽相同，后面的任务中将进行详细的介绍。

　　本任务要用电火花加工的方法取出断入工件的丝锥，由于初识电火花，故由教师提供加工所需电极，根据电火花加工的一般步骤，可初步确定加工过程，如表 1-2 所示。

表 1-2　电火花加工断入工件的丝锥加工工艺

工序	工序名称	工序内容
工序 1	工件准备	将工件除磁去锈
工序 2	工件装夹	将工件装夹到工作台上
工序 3	工件校正	对工件进行平行度和垂直度校正
工序 4	电极装夹	将电极装夹到机床主轴上
工序 5	电极校正	对电极进行平行度和垂直度校正
工序 6	电极与工件定位	将电极定位到工件待加工部位上方
工序 7	加工	选择合适的加工参数进行加工
工序 8	加工后检验	对加工完成部位进行检验

任务拓展

一、特种加工的产生

传统的机械加工已有非常悠久的历史，它对人类的生产活动和物质文明起到了极大的推动作用。从第一次产业革命到第二次世界大战之前，在长达150多年靠机械切削加工的漫长岁月里，人们的思想一直局限在传统的用机械能量或热能所提供的切削力来除去多余的金属，以达到加工要求的方式，并没有产生特种加工的迫切要求，也没有发展特种加工的充分条件。

随着社会生产的需要和科学技术的进步，20世纪40年代，苏联科学家拉扎连柯夫妇在研究开关触点遭受火花放电腐蚀损坏的现象和原因时，发现电火花的瞬时高温可使局部的金属熔化、气化而被蚀除掉，从而开创和发明了变有害的电蚀为有用的电火花加工的方法。他们采用铜杆在淬火钢上加工出小孔的试验验证了用软的工具可加工任何硬度的金属材料这一事实，首次摆脱了传统的切削加工方法，直接利用电能和热能来去除金属，获得了"以柔克刚"的效果。

进入20世纪50年代以来，由于现代科学技术的迅猛发展，机械工业、电子工业、航空航天工业等蓬勃发展，尤其是国防工业部门，要求尖端科学技术产品向高精度、高速度、大功率、小型化方向发展，以及能在高温、高压、重载荷或腐蚀环境下长期可靠地工作。为了适应这些要求，各种新结构、新材料和复杂形状的精密零件大量出现，其结构和形状越来越复杂，材料越来越强韧，对精度要求越来越高，对加工表面粗糙度和完整性要求越来越严格，使机械制造面临着一系列严峻的任务，例如：各种难切削材料的加工问题，各种特殊复杂型面的加工问题，各种超精密、光整零件的加工问题，以及特殊零件的加工问题。

要解决上述问题，仅仅依靠传统的机械切削加工方法很难实现，有些根本无法实现。在生产的迫切需求下，人们不断研究和探索新的加工方法，于是一种本质上区别于传统加工的特种加工便应运而生，并不断获得发展。特种加工也称"非传统加工"（Non - Traditional Machining，NTM）或"非常规机械加工"（Non - Conventional Machining，NCM），是指用电能、热能、光能、电化学能、化学能、声能及特殊机械能等能量达到去除或增加材料的加工方法，从而实现材料被去除、变形、改变性能或被镀覆等工艺。

特种加工有别于传统加工的特点体现在以下几个方面：

（1）加工时主要用电、化学、电化学、声、光、热等能量形式去除多余材料，而不是靠机械能量切除多余材料；

（2）特种加工的工具与被加工零件基本不接触，加工时不受工件强度和硬度的制约，故可加工超硬脆材料和精密微细零件，甚至工具材料的硬度可低于工件材料的硬度；

（3）加工机理不同于一般金属切削加工，不产生宏观切屑，不产生强烈的弹、塑性变形，故可获得很低的表面粗糙度，其残余应力、冷作硬化、热影响度等也远比一般金属切削加工小；

（4）两种或两种以上的能量可相互组合形成新的复合加工形式，加工能量易于控制和转换，加工范围广，适应性强。

目前，特种加工已经成为制造领域不可缺少的重要方面，在难切削材料、复杂型面、精细零件、低刚度零件、模具加工、快速原形制造以及大规模集成电路等领域发挥着越来越重要的作用。

二、特种加工的分类

特种加工目前还没有明确的分类，一般按能量来源及形式以及作用原理进行划分，常用的特种加工方法分类见表1-3。

表1-3　常用的特种加工方法分类

特种加工方法		能量来源及形式	作用原理	英文缩写
电火花加工	电火花成形加工	电能、热能	熔化、气化	EDM
	电火花线切割加工	电能、热能	熔化、气化	WEDM
电化学加工	电解加工	电化学能	金属离子阳极溶解	ECM
	电解磨削	电化学、机械能	阳极溶解、磨削	EGM（ECG）
	电解研磨	电化学、机械能	阳极溶解、研磨	ECH
	电铸	电化学能	金属离子阴极沉积	EFM
	涂镀	电化学能	金属离子阴极沉积	EPM
激光加工	激光切割、打孔	光能、热能	熔化、气化	LBM
	激光打标记	光能、热能	熔化、气化	LBM
	激光处理、表面改性	光能、热能	熔化、相变	LBT
电子束加工	切割、打孔、焊接	电能、热能	熔化、气化	EBM
离子束加工	蚀刻、镀覆、注入	电能、动能	原子撞击	IBM
等离子弧加工	切割（喷镀）	电能、热能	熔化、气化（涂覆）	PAM
超声加工	切割、打孔、雕刻	声能、机械能	磨料高频撞击	USM
化学加工	化学铣削	化学能	腐蚀	CHM
	化学抛光	化学能	腐蚀	CHP
	光刻	光、化学能	光化学腐蚀	PCM

特种加工方法		能量来源及形式	作用原理	英文缩写
快速成形	液相固化法	光、化学能	增材法加工	SL
	粉末烧结法	光、热能		SLS
	纸片叠层法	光、机械能		LOM
	熔丝堆积法	电、热、机械能		FDM

尽管特种加工优点突出、应用日益广泛，但是各种特种加工的能量来源、作用形式、工艺特点不尽相同，其加工特点与应用范围自然也不一样，而且各自还具有一定的局限性，因此为了更好地应用和发挥各种特种加工的最佳功能及效果，必须依据工件材料、尺寸、形状、精度、生产率、经济性等情况作具体分析，区别对待，合理选择特种加工方法。常见的特种加工方法性能和效果的综合比较见表1-4。

表1-4　常见的特种加工方法性能和效果的综合比较

加工方法	可加工材料	工具损耗率/%（最低/平均）	材料去除率/（$mm^3 \cdot min^{-1}$）（平均/最高）	加工尺寸精度/mm（平均/最高）	加工表面粗糙度 $Ra/\mu m$（平均/最高）	主要适用范围
电火花成形加工	导电金属材料	0.1/10	30/3 000	0.03/0.003	10/0.04	从数微米的孔、槽到数米的超大型模具、工件等，如各种类型的孔、模具等；还可用于刻字、表面强化等加工
电火花线切割加工		0.01/5 万~30 万 mm^2	50/500 mm^2/min[①]	0.02/0.002	5/0.01	切割各种二维及三维直纹面组成的模具及零件，可直接切割样板等，也常用于钼、钨、半导体材料或贵重金属切削
电解加工		不损耗	100/10 000	0.1/0.01	1.25/0.16	从微小零件到超大型工件、模具的加工，如型孔、型腔的加工，以及抛光、去毛刺等
电解磨削		1/50	1/100	0.02/0.001	1.25/0.04	硬质合金钢等难加工材料的磨削，如硬质合金刀具、量具的加工，轧辊、小孔研磨、珩磨等

续表

加工方法	可加工材料	工具损耗率/%（最低/平均）	材料去除率/（$mm^3 \cdot min^{-1}$）（平均/最高）	加工尺寸精度/mm（平均/最高）	加工表面粗糙度 Ra/μm（平均/最高）	主要适用范围
超声加工	任何脆性材料	0.1/10	1/50	0.03/0.005	0.63/0.16	加工、切割脆硬材料，如玻璃、石英、宝石、金刚石、硅等，可加工型孔、型腔、小孔等
激光加工	任何材料	不损耗	瞬时去除率很高，受功率限制，平均去除率不高	0.01/0.001	10/1.25	精密加工小孔、窄缝及成形切割、蚀刻，如金刚石拉丝模、钟表宝石轴承等的加工
电子束加工					1.25/0.2	在各种难加工材料上打微小孔、切缝、蚀刻、焊接等，常用于制造大、中规模集成电路微电子器件
离子束加工			很低②	0.1/0.01 μm	0.1/0.01	对零件表面进行超精密、超微量加工、抛光、刻蚀、掺杂、镀覆等
水射流切割	钢铁、石材	无损耗	>300	0.2/0.1	20/5	下料、成形切割、剪裁
快速成形	增加材料方法加工，无可比性			0.3/0.1	10/5	快速制作样件、模具

①线切割加工的金属去除率按惯例均用 mm^2/min 为单位，电火花线切割分为单向低速走丝和高速往复走丝机床两大类，但加工指标差异较大，一般只有后者考虑工具电极损耗。详见模块二。

②这类工艺主要用于精微和超精微加工，不能单纯比较材料去除率。

任务二　电火花机床操作加工

任务导入

　　要完成电火花加工断入工件的丝锥，必须用电火花机床，电火花机床由哪些部分组成？它与数控车床、数控铣床等有何不同？应该如何进行操作？

任务目标

知识目标

1. 理解电火花机床的结构组成

2. 掌握工件和电极的装夹方法

能力目标

1. 能够进行工件的装夹与校正

2. 能够进行电极的装夹与校正

3. 能够进行电极与工件的定位

4. 能够熟练操作电火花机床完成加工

素质目标

1. 培养安全、规范操作机床的能力

2. 培养严谨认真的工作作风

知识链接

一、机床型号、规格与分类

我国国标规定，电火花成形机床均用 D71 加上机床工作台面宽度的 1/10 表示。例如在 D7132 中，D 表示电加工成形机床（若该机床为数控电加工机床，则在 D 后加 K，即 DK）；71 表示电火花成形机床；32 表示机床工作台的宽度为 320 mm。

除中国大陆外，电火花加工机床的型号没有采用统一标准，由各个生产企业自行确定，如日本沙迪克（Sodick）公司生产的 A3R、A10R，瑞士夏米尔（Charmilles）技术公司的 ROBOFORM20/30/35，中国台湾乔懋机电工业股份有限公司的 JM322/430 及北京阿奇工业电子有限公司的 SF100 等。

电火花加工机床按其大小可分为小型（D7125 以下）、中型（D7125～D7163）和大型（D7163 以上），按数控程度可分为非数控、单轴数控和三轴数控。随着科学技术的进步，国外已经大批生产三坐标数控电火花机床，以及带有工具电极库、能按程序自动更换电极的电火花加工中心，我国的大部分电加工机床厂现在也正开始研制生产三坐标数控电火花加工机床。

二、电火花加工机床的组成及结构

电火花加工机床主要由机床主体、脉冲电源、自动进给调节系统、工作介质循环过滤系统等组成。机床的机械部分都安放在机床主体上，主要用于夹持工具电极及支承工件；脉冲电源的作用是为电火花成形加工提供放电能量；自动进给调节系统的作用是使电极与工件保持一定的距离，实现电极在加工过程中的稳定进给，控制电火花加工中的各种参数，以便获得最佳的加工工艺指标；工作液循环过滤系统的作用是强迫蚀除产物的排出，使加工正常进行等。

最典型的"C"形结构机床组成如图1-9所示，其适用于中、小型机床。此外还有龙门式、框形立柱式、台式、滑枕式、悬臂式和便携式等多种结构的机床。

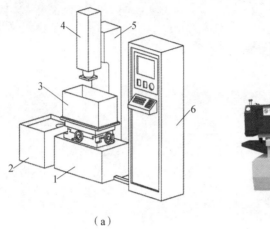

（a）　　　　　　　　　　　（b）

图1-9　电火花成形机床主要组成

（a）组成部分；（b）外形

1—床身；2—工作液箱；3—工作台及工作液槽；4—主轴头；5—立柱；6—控制柜

1. 机床主体

电火花成形机床主机由床身、立柱、主轴头及附件、工作台、工作液槽等组成，下面以"C"形三轴数控电火花成形加工机床主机为例介绍各部分的结构及作用。

1）床身、立柱

床身、立柱是基础结构件（图1-10中的1、2），其作用是保证电极与工作台、工件之间的相互位置，立柱上承载的横向（X轴）、纵向（Y轴）及垂直方向（Z轴）（图1-10中的3、4、5）的运动对加工精度起到至关重要的作用，这种"C"形结构使得机床的稳定性、精度保持性、刚性及承载能力较强。

2）工作台

工作台（图1-10中的6）用来支承及装夹工件，通过坐标调整和找正工件对电极的相对位置。做横向移动的工作台一般都带有坐标装置，通常靠刻度手轮来调整位置，但随着加工精度要求的提高，已逐渐采用光学坐标读数装置和磁尺数显等装置。

大型机床一般采用固定工作台，固定工作台结构使工件及工作液的重量对加工过程没有影响，加工更加稳定，同时便于大型工件的安装固定及操作者的观察。

3）主轴头及附件

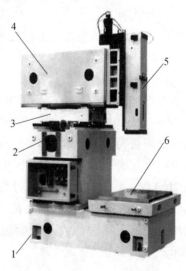

图1-10　"C"形三轴数控电火花成形加工机床主机

1—床身；2—立柱；3—X拖板；4—Y拖板；5—主轴头；6—固定工作台

主轴头是电火花成形加工机床的一个最为关键的部件，是自动调节系统中的执行机构，可实现上、下方向的Z轴运动。它由伺服进给机构、导向和防扭机构、辅助机构三部分组

成，作用是控制工件与工具电极之间的放电间隙。

主轴头的好坏直接影响加工的工艺指标，如加工效率、几何精度以及表面粗糙度。

电火花加工机床常用的附件有可调节工具电极角度的夹头、平动头、油杯和永磁吸盘等。

2. 脉冲电源

电火花加工脉冲电源的作用是在电火花加工过程中提供能量。它的功能是把工频正弦交流电转变为适应电火花加工需要的脉冲电源。脉冲电源输出的各种电参数对电火花加工的加工速度、表面粗糙度、工具电极损耗以及加工精度等各项工艺指标都有重要的影响。

对脉冲电源的要求：

（1）脉冲电压波形的前后沿应该很陡，即脉冲电流及脉冲能量的变化较小，以减小因电极间隙的变化或极间介质污染程度等引起工艺过程的波动；

（2）脉冲是单向的，即没有负半波或负半波很小，这样才能最大限度地利用极性效应，实现高效低耗的加工；

（3）脉冲电流的主要参数如电流幅值、脉冲宽度、脉冲间隔等应能在很宽的范围内调节，以满足粗、中、精加工的不同要求；

（4）工作稳定可靠，操作维修方便，成本低，寿命长，体积小。

关于电火花加工用脉冲电源的分类，目前尚无统一的规定。按其作用原理和所用的主要元件、脉冲波形等可分为多种类型，见表1-5。

表 1-5 电火花加工用脉冲电源分类

分类依据	脉冲电源的种类
按主回路中主要元件种类	弛张式，电子管式，闸流管式，脉冲发电机式，晶闸管式，晶体管式，大功率集成器件式
按输出脉冲波形	矩形波，梳状波分组脉冲，阶梯波，高低压复合脉冲
按间隙状态对脉冲参数的影响	非独立式，独立式，可控（半独立）式
按工作回路数目	单回路，多回路

3. 自动进给调节系统

为了维持适宜的放电条件，在加工过程中电极与工件之间的间隙必须保持在很小的变化范围内。如间隙过大，则不易击穿，形成开路；如间隙过小，则又会引起拉弧烧伤或短路。

为保持恒定的间隙，电极的进给速度应与该方向上材料的蚀除速度相等。由于材料的去除速度常受加工面积及排屑、排气条件等的影响而不可能为定值，因此采用恒速进给系统是不合适的，必须通过自动进给调节机构来控制电极的进给。

自动进给调节系统的任务在于维持所需的"平均"放电间隙 S，保证电火花加工正常进行，以获得较好的加工效果。

放电加工用的自动进给调节系统由测量环节、比较环节、信号放大环节、执行环节和调节对象组成，图1-11所示为其基本组成方框图。

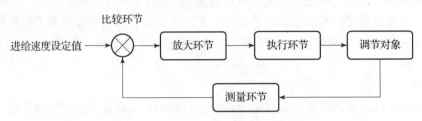

图 1-11 自动进给调节系统基本组成方框图

1）测量环节

测量环节的作用是得到放电间隙大小及变化的信号。直接测量电极间隙大小及其变化是很困难的，其都是采用测量与放电间隙成比例关系的电参数来间接反映放电间隙的大小。因为当间隙较大、开路时，间隙电压最大或接近脉冲电源的峰值电压；当间隙为零、短路时，间隙电压为 0。其虽不成正比，但有一定的相关性。

2）比较环节

比较环节用以根据"设定值"来调节进给速度，以适应粗、中、精不同的加工规准，实质上是把从测量环节得来的信号和"设定值"的信号进行比较，再按此差值来控制加工过程。大多数比较环节包含或合并在测量环节之中。

3）信号放大环节

测量比较环节获得的信号一般都很小，难以推动执行元件，必须有一个放大环节，通常称它为放大器。放大环节的作用是把测量比较输出的信号放大，使之具有足够的驱动功率。

为了获得足够的驱动功率，放大器要有一定的放大倍数，然而放大倍数过高也不好，它会使系统产生过大的超调，即出现自激现象，使工具电极时进时退，调节不稳定。

常用的放大器主要是各类晶体管放大器件。

4）执行环节

执行环节也称执行机构，它根据放大环节输出的控制信号的大小及时地调整工具电极的进给，以保持合适的放电间隙，从而保证电火花加工正常进行。

目前电火花加工自动进给调节系统执行机构的种类很多，大致可分为：电液压式执行机构（喷嘴—挡板式）、步进电动机、宽调速力矩电动机、直流伺服电动机和交流伺服电动机。

随着数控技术的发展，国内外的高档电火花加工机床均采用了高性能直流或交流伺服电动机，并采用直接拖动丝杠的传动方式，再配以光电编码盘、光栅、磁尺等作为位置检测环节，因而大大提高了机床的进给精度、性能和自动化程度。

5）调节对象

调节对象是指工具电极和工件之间的放电间隙，应控制放电间隙在 0.01 ~ 0.1 mm。

4. 工作液循环及过滤系统

电火花加工需要在工作介质中进行，目前应用最为普遍的工作介质是煤油，其黏度低、排屑效果好，同时价格相对便宜。另外，还有电火花专用油，其加工效果较好，但价格偏高。只有在加工精密小孔时才选用水类介质工作液，如去离子水、蒸馏水和乳化液等。

对工作液进行强迫循环，是加速电蚀产物的排除、改善极间加工状态的有效手段。工作液循环系统原理如图 1 – 12 所示。

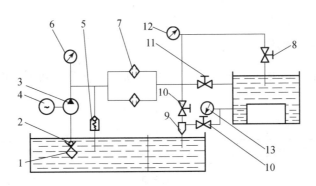

图 1 –12　工作液循环系统原理

1—粗过滤器；2—单向阀；3—涡旋泵；4—电动机；5—安全阀；6—压力表；7—精过滤；8—压力调节阀；
9—射油抽吸管；10—冲油选择阀；11—快速进油控制阀；12—冲油压力表；13—抽油压力表

工作液循环系统一般包括工作液箱、电动机、泵、过滤器、管道、阀、仪表等。工作液箱可以放入机床内部成为整体，也可以与机床分开单独放置。

为了不使工作液越用越脏，影响加工性能，必须对其加以净化、过滤，具体方法如下：

1）自然沉淀法

这种方法速度太慢，周期太长，只用于单件小用量或精微加工，否则需要很大体积的工作液槽。

2）介质过滤法

此法常用黄砂、木屑、棉纱头、过滤纸、硅藻土、活性炭等为过滤介质，这些介质各有优缺点，但对于中小型工件、加工用量不大时，一般都能满足过滤要求，可就地取材，因地制宜。其中以过滤纸效率较高、性能较好，如图 1 – 13 所示。

图 1 –13　电火花成形机床纸质过滤芯

3）高压静电过滤、离心过滤法等

这些方法在技术上比较复杂，采用较少。

任务实施

根据任务一制定的电火花加工工艺过程进行操作与加工。

一、机床的基本操作

通过控制面板和手控盒练习电火花机床的启动、关机及移动等操作，相关使用方法见表1-6。

表1-6 电火花机床操作面板或手控盒使用方法

操作	操作面板或手控盒命令	注意事项
开机	绿色启动按钮	机床通电后，旋动开关到"ON"位置
复位/回原点	回原点按钮	先回 Z，再回 X，最后回 Y
X 轴移动	+X -X	面对机床正面，工作台向左为"+X"，反之为"-X"
Y 轴移动	+Y -Y	面对机床正面，工作台靠近操作者为"+Y"，远离为"-Y"
Z 轴移动	+Z -Z	主轴向上移动为"+Z"，向下为"-Z"
关机	关机按钮	紧急情况下按急停按钮，再按"OFF"键

二、工件的准备、装夹与校正

将工件安装于工作台，必须正确装夹工件，并对工件进行校正。工件准备、装夹与校正所需工具和量具见表1-7。

表1-7 工件准备、装夹与校正所需工具和量具

名称	图形	作用
油石		去除工件毛刺
校表		校正时所用量具由指示表和磁性表座组成，指示表有千分表和百分表两种，百分表的指示精度最小为 0.01 mm，千分表的指示精度最小为 0.001 mm，可根据加工精度要求来选择适用的校表
铜棒		校正时敲击工件

1. 工件的准备

本任务需将工件去除毛刺，并除磁去锈。

2. 工件的装夹

由于工件的形状、大小各异，电火花加工工件的装夹方法有很多，通常用永磁吸盘来装夹工件，如图1-14所示。

图1-14 工件的装夹

(a) 永磁吸盘；(b) 工件装夹

在使用永磁吸盘时，首先将工件摆放到吸盘工件台面上，然后将内六角扳手插入吸盘侧孔内，沿顺时针方向转动180°到"ON"，这时吸盘即可吸住工件进行加工。工件加工完毕后，再将扳手插入吸盘侧孔内，沿逆时针方向转动180°到"OFF"，即可以取下工件。吸盘在使用前，应擦干净其表面，以免划伤；使用完后应在吸盘的工作面上涂防锈油，以防锈蚀；使用时严禁敲击，以防止吸盘的磁力降低。

3. 工件的校正

工件的校正就是使工件的工艺基准与机床X、Y轴的轴线平行，以保证工件的坐标系方向与机床的坐标系方向一致。

数控电火花加工属于精密加工范畴，一般使用千分表来校正工件。磁性表座用来连接指示表和固定端，其连接部分可以灵活摆成各种样式，使用非常方便。

工件校正方法如图1-15所示。将千分表的磁性表座固定在机床主轴或其他位置上，将表架摆放到能方便校正工件的位置。将工件放在机床工作台上，通过目测法将工件调整至大致与机床的坐标轴平行。当校正工件的上表面与机床的工作台平行时，千分表的测头与工件上表面接触，依次沿X轴与Y轴往复移动工作台，按千分表指示值调整工件，必要时在工件的底部与工作台之间塞铜片，直至千分表指针的偏摆范围达到所要求的数值。在校正工件的定位基准与机床Y轴（或X轴）平行时，使用手控盒移动到相应的轴，使千分表的测头与工件的基准面充分接触，然后移动机床相应的坐标轴，观察千分表的刻度指针，若指针变化幅度较小，则说明工件与该坐标轴比较平行，这时用铜棒轻轻敲击，再移动相应的坐标轴；若指针摆动的幅度越来越小，则敲击的力度要越来越小，要有耐心，直到工件的基准面与坐标轴的平行度达到要求为止。

三、电极的准备、装夹与校正

1. 电极的设计

本任务中电极材料采用纯铜，电极的尺寸根据丝锥的规格或钻头的直径进行选择。若丝锥直径为$\phi5$ mm，则根据表1-8可知电极直径为$\phi3 \sim \phi4$ mm。

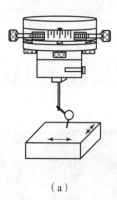
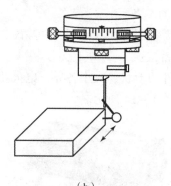

（a）　　　　　　　　　　　　　（b）

图 1-15　工件的校正

（a）校正工件与工作台平行；（b）校正工件与 Y 轴平行

表 1-8　根据丝锥的规格或钻头的直径选择工具电极的尺寸　　　　　　　mm

工具电极的直径	1~1.5	1.5~2	2~3	3~4	3.5~4.5	4~6	6~8
丝锥规格	ϕ2	ϕ3	ϕ4	ϕ5	ϕ6	ϕ8	ϕ10
钻头直径	M2	M3	M4	M5	M6	M8	M10

2. 电极的装夹

电极在安装时，一般使用通用夹具或专用夹具直接将电极装夹在机床主轴的下端。常用的电极装夹方法见表 1-9。

表 1-9　常用的电极装夹方法

电极夹具		适用范围
标准套筒夹具	标准套筒 电极	适用于小型整体式电极，圆柱形电极可选用标准套筒夹具装夹；直径较小的电极可选用钻夹头装夹
钻夹头夹具	钻夹头 电极	

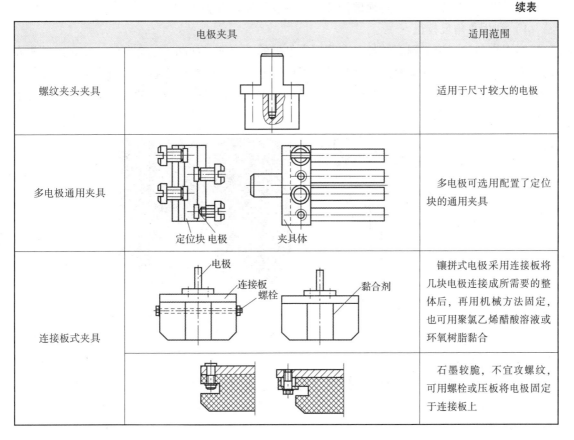

电极夹具		适用范围
螺纹夹头夹具		适用于尺寸较大的电极
多电极通用夹具	定位块　电极　　夹具体	多电极可选用配置了定位块的通用夹具
连接板式夹具	电极　连接板螺栓　　黏合剂	镶拼式电极采用连接板将几块电极连接成所需要的整体后，再用机械方法固定，也可用聚氯乙烯醋酸溶液或环氧树脂黏合
		石墨较脆，不宜攻螺纹，可用螺栓或压板将电极固定于连接板上

3. 电极的校正

电极装夹好后，必须进行校正才能加工，即不仅要调节电极与工件基准面垂直，而且需在水平面内调节、转动一个角度，使工具电极的截面形状与将要加工的工件型孔或型腔定位的位置一致。电极的校正主要靠调节电极夹头的相应螺钉来实现，如图 1-16 所示。

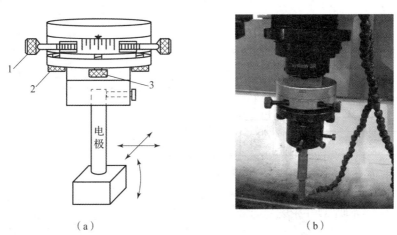

（a）　　　　　　　　　　　　　　（b）

图 1-16　电极夹头

（a）电极夹头示意图；（b）电极夹头

1—电极旋转角度调整螺丝；2—电极左右水平调整螺丝；3—电极前后水平调整螺丝

电极装夹到主轴上后，必须进行校正，一般的校正方法如下：

1）利用直角尺校正

利用直角尺可校正侧面较长、直壁面类电极的垂直度，如图1-17所示。校正时使直角尺的刀口靠近电极侧壁基准，通过接触缝隙校正电极与工作台的垂直度，直至上下缝隙均匀为止。校正时还可以辅以灯光照射，观察光隙是否均匀，以提高校正精度。这种方法的特点是简便迅速，精度也较高。

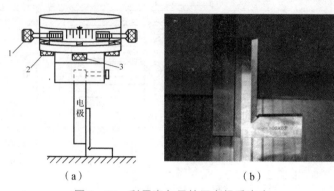

（a）　　　　　　　　　　　（b）

图1-17　利用直角尺校正电极垂直度

1—电极旋转角度调整螺丝；2—电极左右水平调整螺丝；3—电极前后水平调整螺丝

2）利用千分表校正

一般根据电极的侧基准面，采用千分表校正电极的垂直度，如图1-18所示，当电极通过机床主轴做上下移动时，电极的垂直度可以直接从千分表读出。这种方法校正可靠、精度高，但较费时。

当电极上无侧面基准时，则将电极上端面作辅助基准校正电极的垂直度，如图1-19所示。

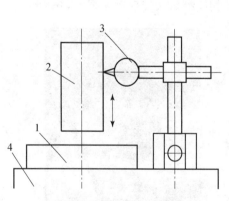

图1-18　用千分表校正电极垂直度

1—凹模；2—电极；3—千分表；4—工作台

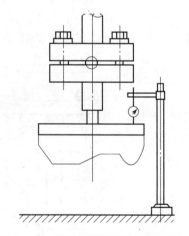

图1-19　利用辅助基准进行电极校正

四、电极的定位

电极相对于工件定位是指将已安装校正好的电极对准工件上的加工位置，以保证加工的孔或型腔的位置精度，习惯上将电极相对于工件的定位过程称为找正。

本任务最终要将断入工件的丝锥取出，尺寸余量大，定位无须十分精确，目测定位即可。将电极抬到一定高度，通过手控盒，将电极初步移到要加工部位的上方，然后降低电极高度至工件上方 1~2 mm 处，再通过目测较精确地将电极移动要加工部位的上方。

五、加工

由于对加工精度和表面质量要求不高，所以选择加工速度快、电极损耗小的粗加工参数即可，可参考表 1−10 的标准进行加工。

表 1−10 粗加工参数

脉冲宽度/μs	脉冲间隙/μs	峰值电流/A
150~300	30~60	5~10

将丝锥从螺纹孔中取出，如图 1−20 所示。

图 1−20 取出丝锥

加工完成后，观察并检查加工结果，填写表 1−11。

表 1−11 电火花加工断入工件的丝锥结果记录

需检查项目	加工前	加工后	根据对比结果，分析产生变化的原因
电极加工部位颜色			
电极加工部位粗糙度			
电极长度			

 任务拓展

一、脉冲电源

1. 弛张式脉冲电源

这类脉冲电源的工作原理是利用电容器充电储存电能，然后瞬时放出，形成火花放电来蚀除金属。因为电容器时而充电、时而放电，一弛一张，故称"弛张式"脉冲电源。

RC 线路是弛张式脉冲电源中最简单、最基本的一种，图 1-21 所示为它的工作原理图。它由两个回路组成：一个是充电回路，由直流电源 U、充电电阻 R（可调节充电速度，同时限流，以防电流过大及转变为电弧放电，故又称为限流电阻）和电容器 C（储能元件）所组成；另一个回路是放电回路，由电容器 C、工具电极和工件及其间的放电间隙所组成。RC 脉冲电源电压和电流波形如图 1-22 所示。

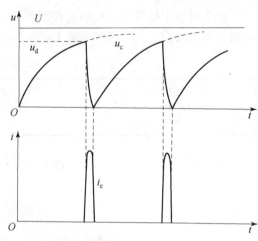

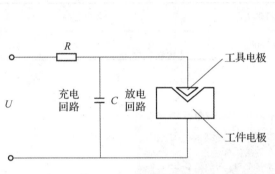

图 1-21　RC 脉冲电源

图 1-22　RC 脉冲电源电压和电流波形
（a）电压波形；（b）电流波形

RC 线路脉冲电源的优点是结构简单，加工精度高，加工表面光洁，工作可靠，成本低，可用作光整加工和精微加工；缺点是脉冲参数受到间隙状态制约，是非独立式脉冲电源，其电能利用率低，生产效率低，工具电极损耗大，主要用于小功率精微加工或简式电火花加工机床中。

2. 晶体管式脉冲电源

晶体管式脉冲电源是利用功率晶体管作为开关元件获得单向脉冲。晶体管式脉冲电源的线路也较多，但其主要部分都是由主振级、前置放大、功率输出和直流电源等几部分组成的。图 1-23 所示为晶体管式脉冲电源工作原理框图。

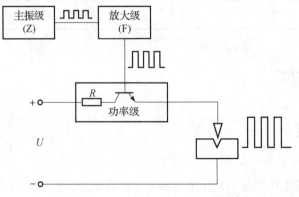

图 1-23　晶体管式脉冲电源工作原理框图

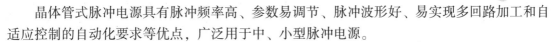

晶体管式脉冲电源具有脉冲频率高、参数易调节、脉冲波形好、易实现多回路加工和自适应控制的自动化要求等优点，广泛用于中、小型脉冲电源。

3. 各种派生脉冲电源

随着电火花加工技术的发展，为进一步提高有效脉冲利用率，达到高速、低耗、稳定加工以及一些特殊需要，在晶体管式脉冲电源的基础上派生出不少新型电源和线路，如高低压复合脉冲电源、多回路脉冲电源及多功能电源等。

1）高低压复合脉冲电源

高低压复合脉冲电源示意如图 1 – 24 所示。在放电间隙并联两个供电回路，一个为高压脉冲回路，其脉冲电压较高（300 V 左右），平均电流很小，主要起击穿间隙的作用；另一个为低压脉冲回路，其脉冲电压较低（60 ~ 80 V），电流比较大，起蚀除金属的作用，所以称为加工回路。二极管 VD 用于阻止高压脉冲进入低压回路。高低压复合大大提高了脉冲的击穿率和利用率，并使放电间隙变大；排屑良好、加工稳定，在"钢打钢"时显出很大的优越性。

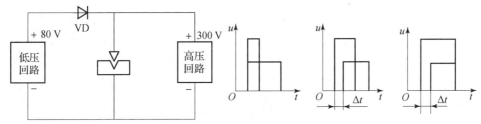

图 1 – 24　高低压复合脉冲电源

2）多回路脉冲电源

多回路脉冲电源即在加工电源的功率级并联分割出相互隔离绝缘的多个输出端，如图 1 – 25 所示，可以同时供给多个回路进行放电加工。其不依靠增大单个脉冲放电能量，即不使表面粗糙度值变大而可以提高生产率，适用于大面积、多工具和多孔加工。

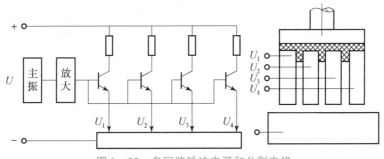

图 1 – 25　多回路脉冲电源和分割电极

3）等能量脉冲电源

等能量脉冲电源是指每个脉冲在介质击穿后所释放的单个脉冲能量相等。对于矩形波脉冲电流来说，等能量脉冲电源能自动保持脉冲电流的宽度相等，用相同的脉冲能量进行加工，从而可以在保证一定表面粗糙度的情况下进一步提高加工速度。等能量脉冲电源电压和电流波形如图 1 – 26 所示。

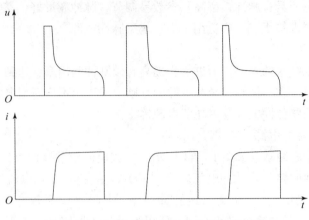

图1-26 等能量脉冲电源电压和电流波形

二、极性效应

在电火花加工过程中，无论是正极还是负极，都会受到不同程度的电蚀，即使是相同的材料，正、负电极的电蚀量也是不同的。这种单纯由于正、负极性不同而彼此电蚀量不一样的现象叫作极性效应。若两电极材料不同，则极性效应更加复杂。在生产中，将工件接脉冲电源正极（工具电极接脉冲电源负极）的加工称为正极性加工，如图1-27所示；反之称为负极性加工，又称"反极性"加工，如图1-28所示。

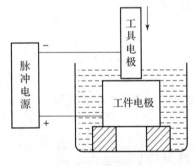

图1-27 正极性接线法

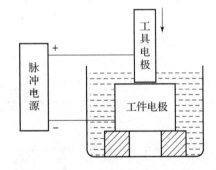

图1-28 负极性接线法

在实际加工中，产生极性效应的原因很复杂，其中主要原因是脉冲宽度。在火花放电过程中，正、负电极表面分别受到负电子与正离子的轰击和瞬时热源的作用，在两极表面所分配到的能量不一样，因而熔化、气化抛出的电蚀量也不一样。因为电子的质量和惯性均小，故容易获得很大的加速度和速度，在击穿放电的初始阶段就有大量的电子奔向正极，把能量传递到正极表面，使其迅速熔化和气化；而正离子则由于质量和惯性较大，启动和加速较慢，在击穿放电的初始阶段，大量的正离子来不及到达负极表面，到达负极表面并传递能量的只有一小部分正离子。所以在用短脉冲加工时，负电子对正极的轰击作用大于正离子对负极的轰击作用，正极的蚀除速度大于负极的蚀除速度，这时工件应接正极。当采用长脉冲（即放电持续时间较长）加工时，质量和惯性大的正离子将有足够的时间加速，到达并轰击负极表面的离子数将随放电时间的延长而增多。由于正离子的质量大，对负极表面的轰击破坏作用强，故长脉宽时负极的蚀除速度将大于正极，这时工件应接负极。因此，当采用短脉冲（例如纯铜电极加工钢时，$t_i < 10$ μs）精加工时，应采用正极性加工；当采用长脉冲（例如纯铜电极加工钢时，$t_i > 100$ μs）粗加工时，应采用负极性加工，以得到较高的蚀除速度和较低的电极损耗。

能量在两极上的分配对两电极电蚀量的影响是一个极为重要的因素，而电子和正离子对电极表面的轰击则是影响能量分布的主要因素，因此，电子轰击和离子轰击无疑是影响极性效应的重要因素。近年来的生产实践和研究结果表明，正电极表面能吸附工作液中分解游离出来带有负电荷的碳微粒，形成熔点和气化点较高的薄层炭黑膜，保护正极，减小电极损耗。

由此可见，极性效应是一个较为复杂的问题，除了受脉宽、脉间的影响外，还要受到正极吸附炭黑保护膜和脉冲峰值电流、放电电压、工作液以及电极材料等多种因素的影响。

从提高加工生产率和减少工具损耗的角度来看，极性效应越显著越好，故在实际加工中要充分利用极性效应。当用交变的脉冲电流加工时，单个脉冲的极性效应便相互抵消，增加了工具的损耗。因此，电火花加工一般都采用单向脉冲直流电源，而不能用交流电源。

三、覆盖效应

在材料放电腐蚀过程中，一个电极的电蚀产物转移到另一个电极表面上，形成一定厚度的覆盖层，这种现象叫作覆盖效应。合理利用覆盖效应有利于降低电极损耗。

在油类介质中加工时，覆盖层主要是石墨化的碳素层，其次是粘附在电极表面的金属微粒黏结层。

1. 碳素层的生成条件

要生成碳素层主要有以下几点：

（1）要有足够高的温度。电极上待覆盖部分的表面温度不低于碳素层生成温度，但要低于熔点，以使碳粒子烧结成石墨化的耐蚀层。

（2）要有足够多的电蚀产物，尤其是介质的热解产物——碳粒子。

（3）要有足够的时间，以便在这一表面上形成一定厚度的碳素层。

（4）一般采用负极性加工，因为碳素层易在阳极表面生成。

（5）必须在油类介质中加工。

2. 影响覆盖效应的主要因素

（1）脉冲参数与波形的影响。增大脉冲放电能量有助于覆盖层的生长，但对中、精加工有相当大的局限性；减小脉冲间隔有利于在各种电规准下生成覆盖层，但若脉冲间隔过小，正常的火花放电有转变为破坏性电弧放电的危险。

此外，采用某些组合脉冲波加工有助于覆盖层的生成，其作用类似于减小脉冲间隔，并且可大大减少转变为破坏性电弧放电的危险。

（2）电极对材料的影响。铜加工钢时覆盖效应较明显，但用铜电极加工硬质合金工件则不太容易生成覆盖层。

（3）工作液的影响。油类工作液在放电产生的高温作用下生成大量的碳粒子，有助于碳素层的生成。如果用水作工作液，则不会产生碳素层。

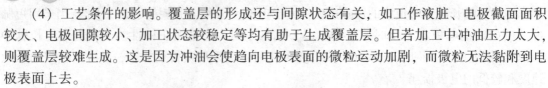
（4）工艺条件的影响。覆盖层的形成还与间隙状态有关，如工作液脏、电极截面面积较大、电极间隙较小、加工状态较稳定等均有助于生成覆盖层。但若加工中冲油压力太大，则覆盖层较难生成。这是因为冲油会使趋向电极表面的微粒运动加剧，而微粒无法黏附到电极表面上去。

在电火花加工中，覆盖层不断形成，又不断被破坏，为了实现电极低损耗，达到提高加工精度的目的，最好使覆盖层的形成与破坏的程度达到动态平衡。

项目二 电火花加工模具锥孔面

项目简介

　　模具作为装备制造业的基础，被称为"工业之母"，涉及机械、汽车、轻工、电子、化工、冶金、建材等各个行业，应用十分广泛。随着产品向智能化、精细化方向发展，模具的生产也越来越精密。下面要在图2-1所示模具零件上加工出锥孔，由于模具材料硬度高、锥孔深、表面光滑，用普通的机械加工方法较难，因此该锥面采用电火花加工。

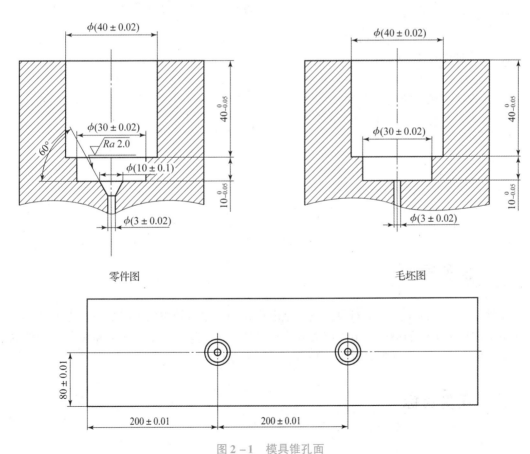

图2-1　模具锥孔面

项目分解

任务一　工件与电极的准备

任务二　电极的精确定位

项目目标

知识目标

1. 掌握常用电极材料性能

2. 掌握电极的结构设计

3. 掌握电极的制造方法

4. 掌握常用的 ISO 代码

5. 理解影响加工速度的因素

6. 理解影响表面质量的因素

能力目标

1. 能熟练装夹和校正电极

2. 能精确进行电极定位

素质目标

1. 培养安全规范的生产意识

2. 形成严谨认真的工作作风

3. 培养举一反三的学习能力

任务一　工件与电极的准备

任务导入

　　工件是电火花加工的加工对象，电极是电火花加工不可缺少的工具之一。电火花加工通常是整个零件加工中的最后一道工序或者接近最后一道工序，它的加工质量将影响工件的最终质量，所以在加工前必须做好工件和电极的准备工作。

任务目标

知识目标

1. 掌握工件的准备工作

2. 掌握常用电极材料的性能

3. 掌握电极的结构形式

4. 掌握电极的制造方法

能力目标

能够设计电极的结构

素质目标

培养严谨认真的工作作风

 知识链接

一、工件的准备

1. 工件的预加工

一般来说，机械切削的效率比电火花加工的效率高，所以在进行电火花加工前要用机械加工的方法去除大部分加工余量，即预加工，如图 2 – 2 所示。预加工要注意以下事项：

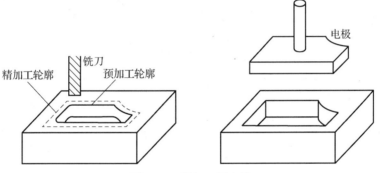

图 2 – 2　预加工示意图

（1）所留余量要均匀、合适，否则会造成电极损耗不均匀，影响表面加工精度和表面粗糙度。

（2）对于一些形状复杂的型腔，预加工比较困难，可直接进行电火花加工。

（3）在缺少通用夹具的情况下，在预加工中需要将工件进行多次装夹。

（4）预加工后使用的电极上可能有铣削等加工痕迹，如用该电极进行精加工，则可能会影响到工件的表面粗糙度。

（5）预加工过的工件进行电火花加工时，在起始阶段，其加工稳定性可能存在问题。

2. 基准面

要加工的工件必须有一个相对于其他形状、孔或表面容易定位的基准面，这个基准面必须精密加工。通常，基准面从水平或垂直的两个面中选取或者从中心孔和一个底面中选取。

3. 热处理

工件在预加工后，便可进行淬火、回火等热处理，即热处理工序尽量安排到电火花加工前，因为这样可避免热处理变形对电火花加工尺寸精度、型腔变形等的影响。

热处理安排在电火花加工前也有它的弱点，如电火花加工将淬火表层加工掉一部分，影

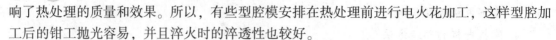

响了热处理的质量和效果。所以，有些型腔模安排在热处理前进行电火花加工，这样型腔加工后的钳工抛光容易，并且淬火时的淬透性也较好。

由上可知，在生产中应根据实际情况，恰当地安排热处理的工序。

4. 其他工序

在电火花加工前必须对工件进行除锈去磁，以免在加工过程中工件吸附铁屑而引起拉弧烧伤，影响成形表面的加工质量。

二、电极的准备

1. 电极材料的选用

在电火花加工中工具电极材料应满足高熔点、低热胀系数、良好的导电导热性能和力学性能等基本要求，从而在使用过程中具有较低的损耗率和抵抗变形的能力。此外，工具电极材料应使电火花加工过程稳定，生产率高，工件表面质量好，且电极材料本身应易于加工、来源丰富及价格低廉。

目前常用的电极材料为紫铜（纯铜）和石墨，这两种材料的共同特点是在大脉冲、粗加工时都能实现低损耗。此外还有黄铜、钢、石墨、铸铁、银钨合金、铜钨合金等。这些材料的性能如表 2-1 所示。由于铜钨合金和银钨合金的价格高、机械加工比较困难，故选用的较少。

表 2-1 电火花加工常用电极材料的性能

电极材料	电加工性能		机加工性能	说明
	稳定性	电极损耗		
紫铜	好	较大	较差	磨削困难，难与凸模连接后同时加工
黄铜	好	大	尚好	电极损耗太大
石墨	尚好	小	尚好	机械强度较差，易崩角
钢	较差	中等	好	在选择电规准时注意加工稳定性
铸铁	一般	中等	好	加工冷冲模时常用的电极材料
铜钨合金	好	小	尚好	价格贵，在深孔、直壁孔、硬质合金模具加工中使用
银钨合金	好	小	尚好	价格贵，一般少用

1）紫铜（纯铜）电极

紫铜电极质地细密，加工过程中稳定性好，生产率高，精加工时比石墨电极损耗小，易于加工成精密、微细的花纹；采用精密加工时能达到优于 1.25 μm 的表面粗糙度。因其韧性大，故机械加工性能差、磨削加工困难，适宜于作电火花成形加工的精加工电极材料。

2）黄铜电极

黄铜电极在加工过程中稳定性好，生产率高；机械加工性能尚好，可用仿形刨加工，也可用成形磨削加工，但其磨削性能不如钢和铸铁，电极损耗最大。

3）石墨电极

石墨电极机加工成形容易，容易修正，加工稳定性能较好，生产率高，在长脉宽、大电流加工时电极损耗小，机械强度差，尖角处易崩裂，适用于作为电火花成形加工的粗加工电极材料。因为石墨的热胀系数小，故也可作为穿孔加工的大电极材料。

4）钢电极

钢电极来源丰富，价格便宜，具有良好的机械加工性能；其加工稳定性较差，电极损耗较大，生产率也较低，多用于一般的穿孔加工。

5）铸铁电极

铸铁电极来源充足，价格低廉，是一种较常用的电极材料，多用于穿孔加工。其机械加工性能好，便于采用成形磨削，因此电极的尺寸精度、几何形状精度及表面粗糙度等都容易保证；但其电极损耗和加工稳定性均较一般，容易起弧，生产率也不及铜电极。

2. 电极的结构形式

一个完整的电极由产品形状部分、火花位、避空直身位（又称冲水位）、打表分中位、基准角组成，如图 2-3 所示。

1）产品形状部分

产品形状是电极的核心组成部分，缺了它或者这部分损坏，这个电极就没有任何意义了。电极在电火花机床上对模具进行放电加工，模具型腔（产品表面形状）就是由这个部分来加工的。

2）火花位

火花位是电极与模具之间没有填充的带状区域。两个带不同电荷的物体只有在相互距离很近但并没有接触时才会放电，距离过大或者接触都不会放电。所以，电极和模具实际上是没有接触的，也就是电极的表面和模具的表面是相差一个火花位距离的等距面。

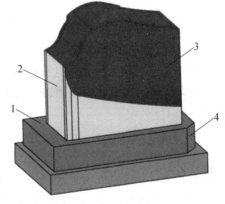

图 2-3 电极结构
1—打表分中位；2—避空直身位；
3—产品形状部分；4—基准角

火花位一般根据电极大小、加工效率及同一部位电极数量来确定，粗加工一般取 0.3 ~ 0.6 mm，精加工一般取 0.05 ~ 0.15 mm。

3）避空直身位

避空直身位的侧面是直的，高度一般在工件最高处加 2 ~ 5 mm，它在电火花加工中的作用是保证型腔在加工到需要的深度时，电极不至于碰到模具表面，也就是起到避空的作用。另外，电火花加工会产生大量的残渣，避空位也可以方便地将残渣冲走。

4）打表分中位

在模具电火花加工时，模坯的形状是一个长方体，通过校表和分中就可以把工件放平整，找到模具的中心，这样才能把想要加工的部分准确地加工到模具上。同样的，电极也必须有能够把电极放正并定位的结构部件，即打表分中位。打表分中位外形尺寸一般取整数，其边缘到成形部位边缘一般取 3 ~ 8 mm，高度一般取 5 ~ 15 mm。

5）基准角

基准角是一个标记，主要用于确定如何安装电极（电极的基准角要与模具零件的基准角相对应）。电极一般都需要加工一个或两个基准角。

根据电极结构的合并与否，电极通常又分整体式电极（又称整公）、组合式电极（又称散公）和镶拼式电极，如图 2-4 所示。

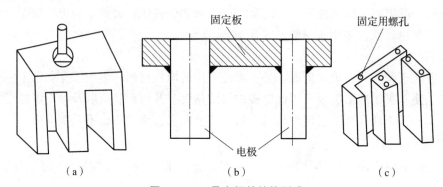

图 2-4　工具电极的结构形式

（a）整体式电极；（b）组合式电极；（c）镶拼式电极

1）整体式电极

整体式电极是用一整块电极材料加工出的完整电极，如图 2-4（a）所示。如果电极的尺寸较大，则可在其内部设置减轻孔或多个冲油孔，整体式电极适用于复杂程度一般、中等型腔的加工。

2）组合式电极

组合式电极是把几个电极组合安装在同一块固定板上，如图 2-4（b）所示。这样可一次性同时完成几个型腔的加工，生产率高，各加工部位的位置精度也较为准确，但对电极的定位有较高的要求，各电极间的中心轴线要相互平行，且每个电极都应垂直于安装表面。

3）镶拼式电极

有些电极做成整体电极时，机械加工困难，因此，将其分成几块，经单个加工后用螺钉固定或经焊接后镶拼成整体，如图 2-4（c）所示。由于把复杂的型腔分成了几块较简单的镶块，因而降低了加工难度，但在制造中应保证镶块的接缝处间隙不要过大，并且相互配合要紧凑、牢固。

3. 电极的制造

在进行电极制造时，应尽可能将要加工的电极坯料装夹在即将进行电火花加工的装夹系统中，避免因装卸而产生定位误差。

常用的电极制造方法如下：

1）切削加工

目前常采用数控铣床（加工中心）制造电极。数控铣削加工不仅能加工精度高、形状复杂的电极，而且速度快。

石墨材料加工时容易碎裂、粉末飞扬，所以在加工前需将石墨放在工作液中浸泡 2~3 天，这样可以有效减少崩角及粉末飞扬。紫铜材料切削较困难，为了达到较好的表面粗糙度，经常在切削加工后进行研磨抛光加工。

（a）   （b）

图 2-5 工具电极的铣削

（a）铜电极铣削加工；（b）石墨电极铣削加工

在用混合法穿孔加工冲模的凹模时，为了缩短电极和凸模的制造周期，保证电极与凸模的轮廓一致，通常采用电极与凸模联合成形磨削的方法。这种方法的电极材料大多数选用铸铁和钢。当电极材料为铸铁时，电极与凸模常用环氧树脂等材料胶合在一起，如图 2-6 所示。对于截面积较小的工件，由于不易粘牢，为防止在磨削过程中发生电极或凸模脱落，可采用锡焊或机械方法使电极与凸模连接在一起。当电极材料为钢时，可把凸模加长些，将其作电极，即把电极和凸模做成一个整体。

电极与凸模联合成形磨削，其共同截面的公称尺寸应直接按凸模的公称尺寸进行磨削，公差取凸模公差的 1/2~2/3。

当凸、凹模的配合间隙等于放电间隙时，磨削后电极的轮廓尺寸与凸模完全相同；当凸、凹模的配合间隙小于放电间隙时，电极的轮廓尺寸应小于凸模的轮廓尺寸，在生产中可用化学腐蚀法将电极尺寸缩小至设计尺寸；当凸、凹模的配合间隙大于放电间隙时，电极的轮廓尺寸应大于凸模的轮廓尺寸，在生产中可用电镀法将电极扩大到设计尺寸。

2）线切割加工

线切割加工适用于形状特别复杂、用机械加工方法无法胜任或很难保证精度的情况。

如图 2-7 所示的电极，在用机械加工方法制造时，通常把电极分成四部分来加工，然后再镶拼成一个整体，如图 2-7（a）所示。由于分块加工中产生的误差及拼合时接缝间隙和位置精度的影响，故使电极产生一定的形状误差。如果使用线切割加工机床对电极进行加工，则可很容易地制作出来，并能很好地保证其精度，如图 2-7（b）所示。

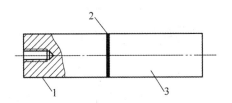   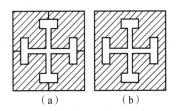

图 2-6 电极与凸模黏结   图 2-7 机械加工与线切割加工

1—电极；2—黏结面；3—凸模   （a）机械加工；（b）线切割加工

3）电铸加工

电铸方法主要用来制作大尺寸电极，特别是在板材冲模领域，使用电铸加工制作出来的电极的放电性能特别好。

用电铸法制造电极，复制精度高，可制作出用机械加工方法难以完成的细微形状的电极。它特别适合于复杂形状及有图案的浅型腔的电火花加工。电铸法制造电极的缺点是加工周期长，成本较高，电极质地比较疏松，电加工时的电极损耗较大。

任务实施

一、工艺分析

本任务要用电火花加工模具锥孔面，根据电火花加工的一般步骤可初步确定加工过程，见表 2-2。

表 2-2　电火花加工模具锥孔面加工工艺

工序	工序名称	工序内容
工序 1	工件准备	对工件进行预加工，将工件除磁去锈
工序 2	工件装夹	将工件装夹到工作台上
工序 3	工件校正	对工件进行平行度和垂直度校正
工序 4	电极结构设计	对电极进行结构设计
工序 5	电极装夹	将电极装夹到机床主轴上
工序 6	电极校正	对电极进行平行度和垂直度校正
工序 7	电极与工件定位	将电极定位到工件待加工部位的上方
工序 8	加工	选择合适的加工参数进行加工
工序 9	加工后检验	对加工完成部位进行检验

二、工件准备

1. 工件预加工

综合考虑加工速度和加工质量，通过分析零件尺寸、形状和位置等要求，可知锥孔面采用电火花加工，其余部分仍然用机械加工的方法，因此对工件进行预加工，预加工后的工件如图 2-8 所示。

2. 工件的装夹与校正

将工件去除毛刺，除磁去锈，按前述任务的操作方法用永磁吸盘装夹在电火花机床工作台上，使工件的定位基准面分别与机床的工作台面、机床的 X 轴和机床的 Y 轴平行。

二、电极的准备

1. 电极的结构设计

根据本任务加工要求，电极材料选择紫铜。

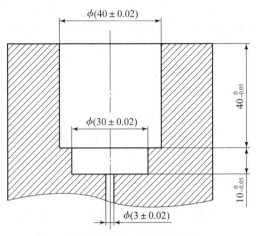

图 2 - 8　预加工后的工件

电极的结构设计要考虑电极的装夹与校正。本任务电极结构设计如图 2 - 9 所示。

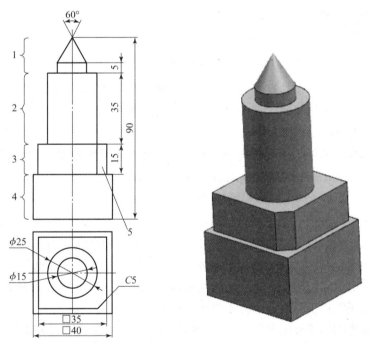

图 2 - 9　电极的结构设计

该电极共分为 4 个部分，各部分的名称与作用如表 2 - 3 所示。

表 2 - 3　电极各部分的名称与作用

序号	名称	作用
1	产品形状部分	直接加工部分，用于成形锥孔面
2	避空直身位	锥孔位置较深，电极需伸入孔中，同时产品形状部分细长，为提高强度，增加该位置直径

续表

序号	名称	作用
3	打表分中位	电极为圆柱,实际加工时难以校正电极垂直度,设置打表分中位,以方便进行电极校正
4	装夹部分	便于电极与机床主轴进行装夹
5	基准角	方便识别电极方向

2. 电极的装夹与校正

将电极装夹在电极夹头上,关掉火花机的接触感知开关,先用目测法大致校正电极,然后将校表表座吸在工作台上,分别调整电极旋转角度及电极左右方向和前后方向,直到完全校正为止。

 任务拓展

加工速度

电火花成形加工的加工速度,是指在一定电规准下,单位时间内工件被蚀除的体积 V 或质量 m。一般常用体积加工速度 $v_w = V/t(\mathrm{mm^3/min})$ 来表示,有时为了测量方便,也用质量加工速度 $v_m = m/t(\mathrm{g/min})$ 来表示。

电火花成形加工的加工速度分别为:粗加工(加工表面粗糙度 Ra 为 $10 \sim 20~\mu\mathrm{m}$)时可达 $200 \sim 300~\mathrm{mm^3/min}$,半精加工(加工表面粗糙度 Ra 为 $2.5 \sim 10~\mu\mathrm{m}$)时降低到 $20 \sim 100~\mathrm{mm^3/min}$,精加工(加工表面粗糙度 Ra 为 $0.32 \sim 2.5~\mu\mathrm{m}$)时一般在 $10~\mathrm{mm^3/min}$ 以下。随着表面粗糙度值的减小,加工速度显著下降。加工速度与平均加工电流 i_e 有关,对于电火花成形加工,一般条件下,每安培平均加工电流的加工速度约为 $10~\mathrm{mm^3/min}$。

在规定的表面粗糙度、规定的相对电极损耗下的最大加工速度是电火花机床的重要工艺性能指标。一般电火花机床说明书上所指的最高加工速度是该机床在最佳状态下所达到的,在实际生产中的正常加工速度远远低于机床的最大加工速度。

影响加工速度的因素分电参数和非电参数两大类。电参数主要是指电压脉冲宽度 t_i、电流脉冲宽度 t_e、脉冲间隔 t_0、脉冲频率 f、峰值电流 $\hat{i}_e$、峰值电压 $\hat{u}_i$ 和极性等;非电参数包括加工面积、深度、工作液种类、冲油方式、排屑条件及电极的材料和形状等。

1. 电参数的影响

1)脉冲宽度对加工速度的影响

单个脉冲能量的大小是影响加工速度的重要因素。对于矩形波脉冲电源,当峰值电流一定时,脉冲能量与脉冲宽度成正比。脉冲宽度增加,加工速度随之增加,因为随着脉冲宽度的增加,单个脉冲能量增大,使加工速度提高。但若脉冲宽度过大,加工速度反而下降,如图 2-10 所示。这是因为单个脉冲能量虽然增大,但转换的热能有较大部分散失在电极与工件之中,不起蚀除作用。同时,在其他加工条件相同时,随着脉冲能量过分增大,会导致蚀除产物增多、排气排屑条件恶化、间隙消电离时间不足，从而导致拉弧、加工稳定性变差等，因此加工速度反而降低。

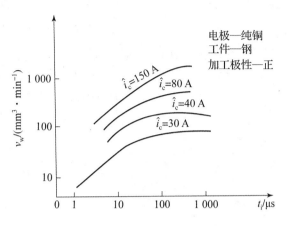

图 2 – 10　脉冲宽度与加工速度的关系

2）脉冲间隔对加工速度的影响

在脉冲宽度一定的条件下，若脉冲间隔减小，则加工速度提高，如图 2 – 11 所示。这是因为脉冲间隔减小导致单位时间内工作脉冲数目增多、加工电流增大，故加工速度提高；但若脉冲间隔过小，则会因放电间隙来不及消电离而引起加工稳定性变差，导致加工速度降低。

在脉冲宽度一定的条件下，为了最大限度地提高加工速度，应在保证稳定加工的同时尽量缩短脉冲间隔时间。带有脉冲间隔自适应控制的脉冲电源能够根据放电间隙的状态，在一定范围内调节脉冲间隔的大小，这样既能保证稳定加工，又可以获得较大的加工速度。

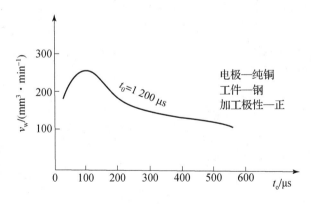

图 2 – 11　脉冲间隔与加工速度的关系

3）峰值电流的影响

当脉冲宽度和脉冲间隔一定时，随着峰值电流的增加，加工速度也增加。因为加大峰值电流等于加大单个脉冲能量，所以加工速度也就提高了。但若峰值电流过大（即单个脉冲放电能量很大），则加工速度反而下降。

此外，峰值电流增大将降低工件表面粗糙度和增加电极损耗。在生产中，应根据不同的

要求,选择合适的峰值电流。

2. 非电参数的影响

1)加工面积的影响

图 2-12 所示为加工面积和加工速度的关系曲线。由图 2-12 可知,加工面积较大时,它对加工速度没有多大影响;但若加工面积小到某一临界面积,则加工速度会显著降低,这种现象叫作"面积效应"。因为加工面积小,在单位面积上脉冲放电过分集中,致使放电间隙的电蚀产物排除不畅,同时会产生气体排除液体的现象,造成放电加工在气体介质中进行,因而大大降低加工速度。

从图 2-12 中可看出,峰值电流不同,最小临界加工面积也不同。因此,在确定一个具体加工对象的电参数时,首先必须根据加工面积确定工作电流,并估算所需的峰值电流。

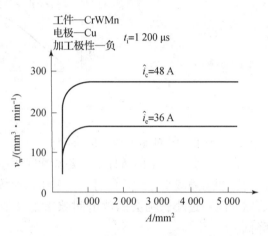

图 2-12 加工面积与加工速度的关系曲线

2)排屑条件的影响

在电火花加工过程中会不断产生气体、金属屑末和炭黑等,如不及时排除,则加工很难稳定地进行,若加工稳定性不好,则会使脉冲利用率降低、加工速度降低。为便于排屑,一般都采用冲油(或抽油)和电极抬起的办法。

(1)冲(抽)油的影响。

图 2-13 所示为工作液强迫循环的两种方式。图 2-13(a)和图 2-13(b)所示为冲油式,较易实现,排屑冲刷能力强,一般常采用,但电蚀产物仍通过已加工区,稍微会影响加工精度;图 2-13(c)和图 2-13(d)所示为抽油式,在加工过程中分解出来的气体易积聚在抽油回路的死角处,遇电火花引燃会爆炸"放炮",因此,一般用得较少,但在要求小间隙、精加工时也有使用的。

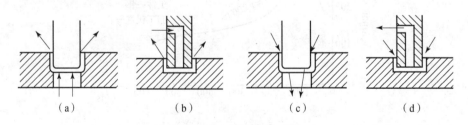

(a)　　　　　　　　(b)　　　　　　　　(c)　　　　　　　　(d)

图 2-13 工作液强迫循环方式

在加工中对于工件型腔较浅或易于排屑的型腔,可以不采取任何辅助排屑措施。但对于较难排屑的加工,若不冲(抽)油或冲(抽)油压力过小,则因排屑不良产生二次放电的机会明显增多,从而导致加工速度下降;但若冲油压力过大,加工速度同样会降低,这是因为冲油压力过大,产生干扰,会使加工稳定性变差。图 2-14 所示为冲油压力与加工速度的关系曲线。

　　冲（抽）油的方式与冲油压力大小应根据实际加工情况来定。若型腔较深或加工面积较大，则冲（抽）油压力要相应增大。

　　（2）"抬刀"对加工速度的影响。

　　为使放电间隙中的电蚀产物迅速排除，除采用冲（抽）油外，还需经常抬起电极以利于排屑。抬刀有两种情况：一种是定时的周期抬刀，目前绝大部分电火花机床具备此功能。在定时"抬刀"状态会发生放电间隙状况良好无须"抬刀"而电极却照样抬起的情况，也会出现当放电间隙的电蚀产物积聚较多急需"抬刀"时而"抬刀"时间未到却不"抬刀"的情况。这种多余的"抬刀"运动和未及时"抬刀"都直接降低了加工速度。另一种是自适应抬刀，即根据放电间隙的状态，决定是否"抬刀"。若放电间隙状态不好，电蚀产物堆积多，"抬刀"频率自动加快；若放电间隙状态好，则电极就少抬起或不抬。这使电蚀产物的产生与排除基本保持平衡，避免了不必要的电极抬起运动，提高了加工速度。

　　图 2-15 所示为抬刀方式对加工速度的影响。由图可知，同样加工深度时，采用自适应"抬刀"比定时"抬刀"需要加工的时间短，即加工速度高。同时，采用自适应"抬刀"加工工件的质量好，不易出现拉弧烧伤。

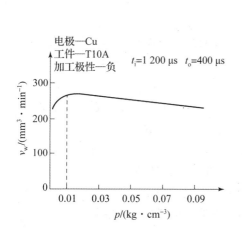

图 2-14　冲油压力与加工速度的关系曲线

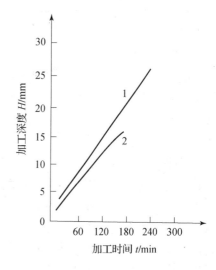

图 2-15　抬刀方式对加工速度的影响
1—自适应抬刀；2—定时抬刀

　　3）电极材料和加工极性的影响

　　在电参数选定的条件下，采用不同的电极材料与加工极性，加工速度也大不相同。由图 2-16 可知，采用石墨电极，在同样的加工电流时，正极性比负极性加工速度高。

　　在加工中选择极性，不能只考虑加工速度，还必须考虑电极损耗。如用石墨作电极，正极性加工比负极性加工速度高，但在粗加工中，电极损耗会很大。故在不计电极损耗的通孔加工、取折断工具等情况时，用正极性加工；而在用石墨电极加工型腔的过程中，常采用负极性加工。

　　从图 2-16 中还可看出，在同样加工条件和加工极性情况下，采用不同的电极材料，加工速度也不相同。例如，中等脉冲宽度、负极性加工时，石墨电极的加工速度高于铜电极的加工速度。在脉冲宽度较窄或很宽时，铜电极加工速度高于石墨电极。此外，采用石墨电极加工的最大加工速度比用铜电极加工的最大加工速度的脉冲宽度要窄。

由上所述，电极材料对电火花加工非常重要，正确选择电极材料是电火花加工首要考虑的问题。

4）工件材料的影响

在同样加工条件下，选用不同的工件材料，加工速度也不同，这主要取决于工件材料的物理性能（熔点、沸点、比热、导热系数、熔化热和气化热等）。

一般来说，工件材料的熔点、沸点越高，比热、熔化潜热和气化潜热越大，加工速度越低，即越难加工。如加工硬质合金钢比加工碳素钢的速度要低40%～60%。对于导热系数很高的工件，虽然熔点、沸点、熔化热和气化热不高，但因热传导性好，故热量散失快，加工速度也会降低。

5）工作液的影响

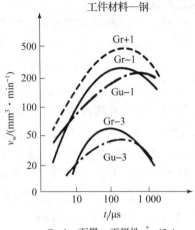

图 2-16 电极材料和极性对加工速度的影响

Cr+1—石墨，正极性，$\hat{i}_e = 42$ A
Cr-1—石墨，负极性，$\hat{i}_e = 42$ A
Cu-1—紫铜，负极性，$\hat{i}_e = 42$ A
Cr-3—石墨，负极性，$\hat{i}_e = 14$ A
Cu-3—紫铜，负极性，$\hat{i}_e = 14$ A

在电火花加工中，工作液的种类、黏度、清洁度对加工速度有影响。在电火花加工过程中，工作液的作用是：形成火花击穿放电通道，并在放电结束后迅速恢复极间的绝缘状态；对放电通道产生压缩作用；帮助电蚀产物的抛出和排除；对工具、工件起到冷却作用。介电性能好、密度和黏度大的工作液有利于压缩放电通道，提高放电的能量密度，强化电蚀产物的抛出效果；但黏度大，不利于电蚀产物的排出，会影响正常放电。

目前电火花成形加工主要采用油类作为工作液，粗加工时采用的脉冲能量大、加工间隙大、爆炸排屑抛出能力强，故往往选用介电性能、黏度较大的机油，且机油的燃点较高，大能量加工时着火燃烧的可能性小；而在中、精加工时放电间隙比较小，排屑比较困难，故一般选用黏度小、流动性好、渗透性好的煤油作为工作液，但考虑到实际加工的方便性，一般均采用火花油或煤油作为工作介质。

由于油类工作液有味，容易燃烧，尤其是在大能量粗加工时工作液高温分解产生的烟气很大，故寻找一种像水那样的流动性好，不产生炭黑、不燃烧、无色无味、价廉的工作液介质一直是努力的目标。水的绝缘性能和黏度较低，在同样加工条件下，和煤油相比，水的放电间隙较大，对通道的压缩作用差，蚀除量较少，且易锈蚀机床，但通过采用各种添加剂可以改善其性能。研究成果表明，水基工作液在粗加工时的加工速度可大大高于煤油，但在大面积精加工中取代煤油还有一段距离。对于电火花线切割而言，低速单向走丝选用去离子水作为工作介质，而高速往复走丝则采用乳化液、水基工作液或复合工作液等水溶性工作介质。

综上所述，工作液对加工速度的影响，就工作液的种类来说，其对应的加工速度的大致顺序是：高压水 >（煤油 + 机油）> 煤油 > 酒精水溶液。在电火花成形加工中，应用最多的工作液是煤油。

任务二 电极精确定位

任务导入

在电火花加工中，电极与加工工件之间相对定位的准确程度直接决定加工的精度。目前生产的大多数电火花机床都有接触感知功能，通过接触感知功能可精确地实现电极相对工件的定位。

任务目标

知识目标
1. 掌握常用的 ISO 代码
2. 掌握电极精确定位的方法
能力目标
能够对电极进行精确定位
素质目标
培养安全规范的生产意识

知识链接

一、数控电火花加工编程的方法

数控电火花加工编程有自动编程和手工编程两种方法。

1. 自动编程

数控电火花自动编程是通过数控电火花加工机床系统的智能编程软件，以人机对话的方式确定加工对象和加工条件，自动进行运算并生成程序指令的过程。自动编程中只要输入如加工开始位置、加工方向、加工深度、电极缩放量、表面粗糙度要求、平动方式、平动量等条件，系统即可自动生成数控程序。

2. 手工编程

手工编程是指由人工完成数控编程中各个阶段工作的过程，编程时加工的轨迹、加工的参数均由人为指定来完成。

二、数控电火花编程常识

1. 机床坐标轴

坐标轴就是在机械装备中具有位移（线位移或角位移）控制和速度控制功能的运动轴，

它有直线坐标轴和回转坐标轴之分。

为了简化编程和保证程序的通用性，对数控机床坐标轴的命名和方向制定了统一的标准：规定直线进给坐标轴用 X、Y、Z 表示，称为基本坐标轴；围绕 X、Y、Z 轴旋转的圆周进给坐标轴分别用 A、B、C 表示，称为回转坐标轴；在基本坐标轴 X、Y、Z 的基础上，另有轴线平行于它们，则这些附加的坐标轴对应为 U、V、W 轴。

这些坐标轴的方向可按以下原则确定，如图 2-17 所示。

（1）面对工作台左右方向为 X 轴，右边为 X 轴的正向，左边为 X 轴的负向。

（2）面对工作台前后方向为 Y 轴，前面为 Y 轴的正向，后面为 Y 轴的负向。

（3）主轴头运行的上下方向为 Z 轴，向上为 Z 轴的正向，向下为 Z 轴的负向。

（4）围绕 X 轴旋转的圆周进给坐标轴为 A 轴，逆时针为正向，顺时针为负向。

（5）围绕 Y 轴旋转的圆周进给坐标轴为 B 轴，逆时针为正向，顺时针为负向。

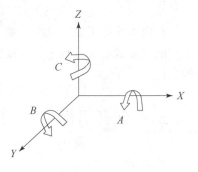

图 2-17 机床坐标轴

（6）围绕 Z 轴旋转的圆周进给坐标轴为 C 轴，逆时针为正向，顺时针为负向。

若机床的 Z 轴可以连续转动但不是数控的，如电火花打孔机，则不能称为 C 轴而只能称为 R 轴。

根据机床数控坐标轴的数目，目前常见的数控机床有三轴数控电火花机床、四轴三联动数控电火花机床、四轴联动或五轴联动甚至六轴联动电火花加工机床。三轴数控电火花加工机床的主轴 Z 和工作台 X、Y 都是数控的。从数控插补功能上讲，又将这类机床细分为三轴两联动机床和三轴三联动机床。

三轴两联动是指 X、Y、Z 三轴中，只有两轴（如 X、Y 轴）能进行插补运算和联动，电极只能在平面内走斜线和圆弧轨迹（电极在 Z 轴方向只能做伺服进给运动，但不是插补运动）。三轴三联动系统的电极可在空间做 X、Y、Z 方向的插补联动（如可以走空间螺旋线）。四轴三联动数控机床增加了 C 轴，即主轴可以数控回转和分度。

现在部分数控电火花机床还带有工具电极库，在加工中可以根据事先编制好的程序自动更换电极。

2. 坐标系

坐标系分为机械坐标系与工件坐标系。

（1）机械坐标系。机械坐标系是用来确定工件坐标系的基本坐标系，机械坐标系的零点称为机械原点。

机械原点的位置一般由机床参数设定，一经设定这个零点便被确定下来维持不变，不会因断电或改变工件坐标值等而改变。

（2）工件坐标系。工件坐标系是在机床已经建立了机械坐标系的基础上，根据编程需要

在工件或其他地方选定某一已知点设定零点建立的坐标系。工件坐标系的零点称为工件零点。

3. 数控电火花程序的构成

数控电火花机床能实现工具电极和工件之间的多种相对运动，可以用来加工多种较复杂的型腔。目前，绝大部分电火花数控机床均采用国际上通用的 ISO 代码进行编程、程序控制和数控摇动加工等，数控电火花加工与其他数控加工相比，加工运动的轨迹比较简单，所以程序也简单。

一般来说，数控电火花加工程序是由遵循一定结构、句法和格式规则的多个程序段组成的，每个程序段又是由若干个代码字组成的，而每个代码字则由一个地址（用字母表示）和一组数字组成，有些数字还带有符号。

1）程序名

程序名就是程序的文件名，每一个程序都应有一个独立的文件名，目的是便于查找、调用，程序号的地址为英文字母（通常为 O、P、% 等），紧接着为 4 位数字，可编写的范围为 0001～9999，如 O0018。

2）主程序和子程序

数控电火花加工程序的主体分为主程序和子程序。数控系统执行程序时，按主程序指令运行，在主程序中遇到调用子程序的情形时，数控系统转入子程序按其指令运行，当子程序调用结束后，便重新返回继续执行主程序。

主程序是整个数控程序的主体，通常把第一次调用子程序的程序称为主程序。主程序由程序起始部分、调用子程序部分和结束部分三部分构成。

在加工中往往会有相同的工作步骤，将这些相同的步骤编写成固定的程序，即为子程序，在需要的地方调用，那么整个程序将会得到简化和缩短。

3）顺序号和程序段

顺序号亦称程序段号、程序段序号，是指加在每个程序段前的编号，主要有以下功能：用作程序执行过程中的编号或者用作调用子程序的标记编号。

顺序号用英文字符 N 开头，后接 4 位十进制数，程序段号可编的范围为 0001～9999。程序段号通常以每次递增 1 以上的方式编号，如 N0010，N0020，N0030，…每次递增 10，其目的是留有插入新程序的余地。

一个完整的零件加工程序由多个程序段组成，一个程序段可以有多个代码字，也可以只有一个代码字。如 M05 G00 Z10，程序段中包含了三个代码字；又如 G54，程序段中只有一个代码字。

电火花 ISO 代码程序中常用的代码和数据的输入形式如下：

G_：准备功能，可指定插补、平面、坐标系等，如 G00，G17。

X_，Y_，Z_，U_，V_，W_：坐标值代码，指定坐标移动值。

I_，J_，K_：表示圆弧中心坐标，如 I5。

A_：指定加工锥度。

M_：辅助功能指令，其后续数控一般为 2 位数（00～99），如 M02。

D_，H_：用于指定补偿量，如 D0001 或者 H0001 表示取 1 号补偿值。

L_：用于指定子程序的循环执行次数，如 L3 表示循环 3 次。

4. G 功能指令（准备功能指令）

G 功能指令是设立机床工作方式或控制系统工作方式的一种命令。G 功能指令通常分为模态与非模态功能指令。模态 G 功能指令执行后，其定义的功能或状态保持有效，直到被同组其他 G 功能指令改变，如 G00、G01。模态 G 功能指令执行后，其定义的功能或状态被改变以前，后续的程序段执行该 G 功能指令时，可不需要再次输入该 G 功能指令。非模态 G 功能指令执行后，其定义的功能或状态一次性有效，每次执行该 G 功能指令时必须重新输入该 G 功能指令字，如 G04 等。常用 G 功能指令见表 2－4。

表 2－4　常用 G 功能指令

功能指令	功能	功能指令	功能
G00	电极以预先设定的快速移动速度，从当前位置快速移动到程序段指定的目标点	G19	指定 YOZ 平面
G01	电极从当前点进行直线插补到达指定的目标点上	G20	指定程序中尺寸值的单位为英制
G02	电极在指定平面内进行顺时针方向圆弧插补加工	G21	指定程序中尺寸值的单位为公制
G03	电极在指定平面内进行逆时针方向圆弧插补加工	G30	指定加工中电极的"抬刀"方式为按照指定方向进行
G04	执行完该指令的上一段程序之后，暂停一指定的时间，再执行下一个程序段	G31	指定加工中电极的抬刀方式为按照加工路径反方向"抬刀"
G05	X 轴镜像，按指令方向的相反方向运动指定的距离	G32	指定加工中电极的"抬刀"方式为伺服轴回平动中心点后"抬刀"
G06	Y 轴镜像，按指令方向的相反方向运动指定的距离	G40	取消电极补偿模式
G07	Z 轴镜像，按指令方向的相反方向运动指定的距离	G41	电极中心轨迹在编程轨迹上向左进行一个偏移
G08	指定其指令后的 X 轴指令值与 Y 轴指令值交换	G42	电极中心轨迹在编程轨迹上向右进行一个偏移
G09	取消程序指定的镜像、交换模式	G53	在固化的子程序中，进入子程序坐标系
G11	跳过段首有"/"的程序段，不去执行该段程序	G54	机床提供的工作坐标系 1
G12	忽略段首有"/"的符号，照常执行程序段	G55	机床提供的工作坐标系 2
G15	使 C 轴返回机械零点，对 G54～G59 坐标中的 U 值置零	G80	接触感知，使指定轴沿指定方向前进，直到电极与工件接触为止
G17	指定 XOY 平面	G81	使机床指定轴回到极限位置
G18	指定 XOZ 平面	G82	使电极移动到指定轴当前坐标的 1/2 处

功能指令	功能	功能指令	功能
G83	把指定轴的当前坐标值读到指定的 H 寄存器中	G91	增量坐标，当前点的坐标值是以上一点为参考点得出的
G90	绝对坐标，所有点的坐标值均以坐标系的零点为参考点	G92	把当前点的坐标值设置成所需要的值

5. M 功能指令（辅助功能指令）

M 功能指令用于控制机床中辅助装置的开关动作或状态。下面以日本沙迪克公司生产的某型号数控电火花机床为例介绍常用 M 代码，见表 2－5。

表 2－5　常用 M 代码

功能指令	功能
M00	暂停程序的运行
M02	结束整个程序的运行
M05	忽略接触感知
M98	调用子程序
M99	子程序结束

6. T 功能指令

T 功能指令与机床操作面板上的手动开关相对应。在程序中使用这些功能指令，可以不必人工操作面板上的手动开关。表 2－6 所示为日本沙迪克公司生产的某型号数控电火花机床常用 T 功能指令。

表 2－6　常用 T 功能指令

功能指令	功能	功能指令	功能
T82	加工介质排液	T86	加工介质喷淋
T83	保持加工介质	T87	加工介质停止喷淋
T84	液压泵打开	T96	向加工槽送液
T85	液压泵关闭	T97	停止向加工槽送液

7. C 功能指令

C 功能指令是用来在程序中选择加工条件代码的指令。在程序中，C 功能指令用于选择加工条件，格式为 C×××。C 和数字间不能有别的字符，数字也不能省略，不够 3 位要补"0"，如 C005。各参数显示在加工条件显示区中，加工中可随时更改。系统可以存储 1 000 种加工条件，其中 0~99 为用户自定义加工条件，其余为系统内定加工条件。

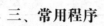

三、常用程序

常用的 ISO 程序见表 2 - 7。

表 2 - 7 常用的 ISO 程序

图形	功能描述	程序	
		绝对坐标指令编程	相对坐标指令编程
	电极从 A 点快速移动到 B 点	G90 G00 X20 Y30;	G91 G00 X15 Y20;
	电极从 A 点以进给速度移动到 B 点	G90 G01 X20 Y30;	G91 G01 X15 Y20;
	电极从 A 点沿圆弧移动到 B 点	G90 G92 X48.3 Y10; G03 X20 Y50 I - 28.3 J10;	G91 G92 X48.3 Y10; G03 X - 28.3 Y40 I - 28.3 J10;
	切换工件坐标系	G92 G54 X0 Y0; G00 X20. Y30. ; G92 G55 X0 Y0;	

	AB、BC 为设计基准,圆形电极直径为 20 mm,电极定位于 O 点	将电极移到 AB 边左侧,Y 轴坐标大致与 O 点相同,
		G80 X + ;
		G90 G92 X0;
		M05 G00 X - 10. ;
		G91 G00 Y - 38. ;　　　// - 38. 为估计值,主要目的是保证电极在 BC 边下方
		G90 G00 X50. ;
		G80 Y + ;
		G92 Y0;
		M05 G00 Y - 2. ;　　//电极与工件分开,2 mm 表示为一小段距离
		G91 G00 Z10. ;//将电极底面移到工件上面
		G90 G00 X50. Y28. ;	

图形	功能描述	程序	
		绝对坐标指令编程	相对坐标指令编程
	找工件中心	G80 X − ; G92 G54 X0;　//一般机床将 G54 工件坐标系作为默认工件坐标系，故 G54 可省略 M05 G80 X + ; M05 G82 X;　//移到 X 方向的中心 G92 X0; G80 Y − ; G92 Y0; M05 G80 Y + ; M05 G82 Y;　//移到 Y 方向的中心 G92 Y0;	

任务实施

一、电极定位

本任务要求电极进行精确定位，电火花加工定位过程如图 2 – 18 所示。

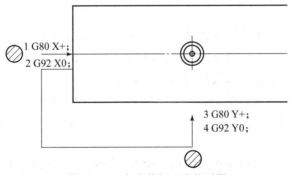

图 2 – 18　电火花加工定位过程

将电极移到工件左侧，Y 轴坐标大致与中心线相同，具体程序如下：

```
G80 X + ;
G90 G92 X0;
M05 G00 X − 10.;
G91 G00 Y − 95;
G90 G00 X212.5;
```

```
G80 Y +;
G92 Y0；
M05 G00 Y - 2.;
G91 G00 Z10.;
G90 G00 X212.5 Y92.5;
```

二、机床操作加工

完成工件装夹与校正、电极装夹与校正，并将电极定位于要加工的位置后，将工作液加到工作液箱适当位置，按给定加工条件进行加工。

 任务拓展

电火花加工的表面质量

电火花加工的表面质量主要包括表面粗糙度、表面变质层和表面机械性能三部分。

1. 表面粗糙度

表面粗糙度是指加工表面上的微观几何形状误差。工件的电火花加工表面粗糙度直接影响其使用性能，如耐磨性、配合性质、接触刚度、疲劳强度和抗腐蚀性等，尤其对于高速、高压条件下工作的模具和零件，其表面粗糙度往往决定其使用性能和使用寿命。电火花加工表面粗糙度的形成与切削加工不同，它是由若干电蚀小凹坑组成的，能存润滑油，其耐磨性比同样粗糙度的机加工表面要好。在相同表面粗糙度的情况下，电加工表面比机加工表面亮度低。

电火花穿孔及型腔加工的表面粗糙度可以分为底面粗糙度和侧面粗糙度，同一规准加工出来的侧面粗糙度因为有二次放电的修光作用，往往要稍好于底面的粗糙度。要获得更好的侧面粗糙度，可以采用平动头或数控摇动工艺来修光。

电火花加工表面粗糙度与单个脉冲能量有关，单个脉冲能量越大，则凹坑越大。若把粗糙度值大小简单地看成与电蚀凹坑的深度成正比，则电火花加工表面粗糙度随单个脉冲能量的增加而增大。

工件材料对加工表面粗糙度也有影响，熔点高的材料（如硬质合金），在相同能量下加工的表面粗糙度要比熔点低的材料（如钢）好，当然，加工速度会相应下降。

工具电极表面的粗糙度值大小也会影响工件的加工表面粗糙度值。例如，石墨电极表面比较粗糙，因此它加工出来的工件表面粗糙度值也大。

电火花加工的表面粗糙度和加工速度之间存在着很大的矛盾，例如从 $Ra2.5$ μm 到 1.25 μm，加工速度会下降到原来的十多分之一。为获得较好的表面粗糙度，需要采用很低的加工速度。因此一般电火花加工到 $Ra2.5 \sim 1.25$ μm 后，通常采用研磨方法改善其表面粗糙度，这样比较经济。

虽然影响表面粗糙度的因素主要是单个脉冲能量的大小，但在实践中发现，即使单脉冲能量很小，在电极面积较大时由于"电容效应"的存在，Ra 也很难低于 0.32 μm，而且加工面积越大，可达到的最佳表面粗糙度越差。

2. 表面变质层

在电火花加工过程中，工件在放电瞬时的高温和工作液迅速冷却的作用下，材料的表面层化学成分和组织结构会发生很大变化，形成一层存在残余应力和微观裂纹的变质层，其厚度在 0.01～0.5 mm，一般将其分为熔化层和热影响层，如图 2-19 所示。

1）熔化层

熔化层位于电火花加工后工件表面的最上层，它被电火花脉冲放电产生的瞬时高温所熔化，又受到周围工作液介质的快速冷却作用而凝固。对于碳钢来说，熔化层在金相照片上呈现白色，故又称为白层。白层与基体金属完全不同，其是一种树枝状的淬火铸造组织，与内层的结合不是很牢固。熔化层中有渗碳、渗金属、气孔及其他夹杂物。

2）热影响层

热影响层位于熔化层和基体之间，热影响层的金属并

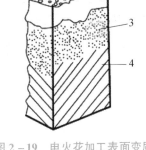

图 2-19　电火花加工表面变质层
1—电火花加工表面；2—熔化层；
3—热影响层；4—基体金属

没有熔化，只是受到高温的影响而发生金相组织变化，它与基体没有明显的界限。由于加工材料、加工前热处理状态、加工脉冲参数的不同，热影响层的变化也不同。对淬火钢将产生二次淬火区、高温回火区和低温回火区；对未淬火钢而言主要是产生淬火区。因此，淬火钢的热影响层厚度比未淬火钢厚。

熔化层和热影响层的厚度随脉冲能量的增大而变厚。

3）显微裂纹

在电火花加工中，加工表面层受高温作用后又迅速冷却而产生残余拉应力。在脉冲能量较大时，表面层甚至会出现细微裂纹，裂纹主要产生在熔化层，只有在脉冲能量很大时才会扩展到热影响层。

脉冲能量对显微裂纹的影响是非常明显的：脉冲能量越大，显微裂纹越宽越深；脉冲能量很小时，一般不会出现显微裂纹。不同材料对裂纹的敏感性也不同，硬脆材料容易产生裂纹。由于淬火钢表面残余拉应力比未淬火钢大，故淬火钢的热处理质量不高时更容易产生裂纹。

3. 表面机械性能

1）显微硬度及耐磨性

工件在加工前由于热处理状态及加工中脉冲参数不同，故加工后的表面层显微硬度变化也不同。通常加工后表面层的显微硬度比较高，但由于加工电参数、冷却条件及工件材料的热处理状况不同，有时显微硬度会降低。一般来说，电火花加工表面外层的硬度比较高、耐磨性好，但对于滚动摩擦，由于是交变载荷，尤其是干摩擦，因熔化层和基体结合不牢固，容易剥落而磨损，因此，有些要求较高的模具需把电火花加工后的表面变化层预先研磨掉。

2）残余应力

电火花表面存在着由于瞬时先热后冷作用而形成的残余应力，而且大部分表现为拉应力。残余应力的大小和分布主要与材料在加工前热处理的状态及加工时的脉冲能量有关。因此对表面层质量要求较高的工件，应尽量避免使用较大的加工规准，同时在加工中一定要注意工件热处理的质量，以减少工件表面的残余应力。

3）抗疲劳性能

电火花加工表面存在着较大的拉应力，还可能存在显微裂纹，因而其抗疲劳性能比机械加工表面低许多倍。采用回火处理、喷丸处理等有助于降低残余应力或使残余拉应力转变为压应力，从而提高其耐疲劳性能；采用小的加工规准是减小残余拉应力的有力措施。

项目三 电火花加工模具孔形型腔

 项目简介

与机械加工相比,采用电火花加工注塑模型腔具有加工质量好、表面粗糙度小、减少切削加工和手工劳动、缩短生产周期的优点。本项目加工如图 3 - 1 所示孔形型腔,这类零件加工的特点是:材料较硬,尺寸精度高,表面粗糙度要求高,位置精度高。如何用电火花加工完成该零件呢?

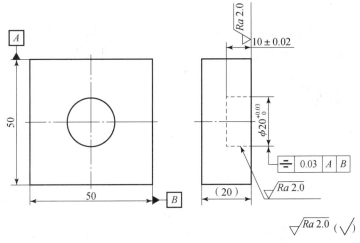

图 3 - 1 孔形模具型腔零件图

 项目分解

任务一 电极的设计
任务二 加工条件的选择

 项目目标

知识目标
1. 掌握常用的电火花加工方法
2. 掌握电极的尺寸设计

55

3. 掌握电规准转换原则

4. 掌握加工条件选择的方法

能力目标

1. 能进行简单的电极尺寸设计

2. 能正确进行加工条件的选择

素质目标

1. 培养安全规范的生产意识

2. 形成严谨认真的工作作风

3. 培养举一反三的学习能力

任务一　电极的设计

任务导入

电极的设计是电火花加工的关键，前面任务已经学习了电极结构形式的设计，而电极的尺寸关系到加工工件的尺寸精度等，本任务要进行电极尺寸的设计。

任务目标

知识目标

1. 掌握常用的电火花加工方法

2. 掌握电极的尺寸设计

能力目标

能进行简单的电极尺寸设计

素质目标

培养严谨认真的工作作风

知识链接

一、电火花加工方法

电火花成形加工是利用火花放电蚀除金属的原理，用工具电极对工件进行复制加工的工艺方法，可加工通孔和盲孔，前者习惯上称为电火花穿孔加工，后者习惯上称为电火花成形加工。

穿孔加工可加工冲模、粉末冶金模、挤压模、型孔零件、小孔、小异形孔等，成形加工可加工各类型腔模（锻模、压铸模、塑料模等）及各种复杂的型腔零件。随着数控技术的发展，模具型腔加工有了新的工艺方法——数控电火花铣削加工，即用简单的电极展成复杂型面。

电火花穿孔加工时的电极损耗可由进给来补偿，而成形加工时的电极损耗将直接影响仿形精度。

1. 电火花穿孔加工

冲模加工是电火花穿孔加工的典型应用。冲模加工主要是凸模和凹模加工。凸模可用机械方法加工，而凹模往往只能用电火花加工，否则不但加工很困难、工作量很大，且质量也不易保证，在有些情况下用机械加工方法加工凹模甚至是不可能的。凹模的质量指标主要是尺寸精度、凸模与凹模的单边配合间隙、刃口斜角、刃口高度和落料角。

对于冲模，配合间隙是一个很重要的质量指标，它的大小与均匀性都直接影响着冲件的质量及模具的寿命，在加工中必须给予保证。冲模加工主要有以下几种加工方法：

1）直接加工法

电火花穿孔加工常用"钢打钢"直接配合法，此法是直接用凸模作为电极加工凹模型孔，适用于形状复杂，凸、凹模配合间隙在 $0.03 \sim 0.08$ mm 的多型孔凹模加工。具体做法是先将凸模长度适当加长，非刃口端作为电极端面，加工时将凹模刃口端朝下形成向上的"喇叭口"，如图 3 – 2 所示，加工后将工件反过来使"喇叭口"（此"喇叭口"有利于冲模落料）向下作为凹模。加工凹模后，凸模电极也应倒过来按图纸尺寸将凸模加长部分切除。

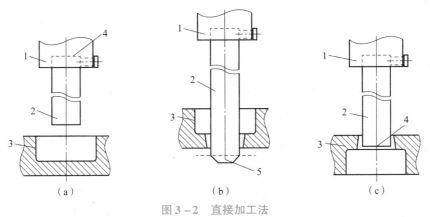

（a）　　　　　　　（b）　　　　　　　（c）

图 3 – 2　直接加工法

（a）加工前；（b）加工后；（c）切除损耗部分

1—主轴头；2—工具电极（冲头）；3—工件（凹模）；4—凸模刃口；5—切除部分

配合间隙靠调节脉冲参数、控制火花放电间隙来保证。这种方法可以获得均匀的配合间隙，即电火花加工后的凹模可以不经任何修正而直接与凸模配合，具有模具质量高、电极制造方便以及钳工工作量少的优点，故直接配合法在生产中已得到广泛的应用。

其缺点是电极和冲头连在一起，尺寸较长，磨削时较困难。另外这种"钢打钢"时，电极材料不能自由选择，工具电极和工件都是磁性材料，易产生磁性，电蚀下来的金属屑被吸附在电极放电间隙的磁场中而形成不稳定的二次放电，使加工过程很不稳定。近年来由于采用了具有附加 300 V 高压击穿（高低压复合回路）的脉冲电源，故情况有了很大改善。

2）间接加工法

间接加工法是将凸模与加工凹模的电极分开制造，即根据凹模的尺寸设计并加工制造电极，然后由凹模进行放电加工，再按冲裁间隙配制凸模，如图3-3所示。此法适用于凸、凹模配合间隙大于0.12 mm或小于0.02 mm（双面）的凹模加工，加工后的凸、凹模间隙值可由下式计算：

$$凸、凹模配合间隙值 = 电极尺寸/2 + 放电间隙 - 凸模尺寸/2$$

它的特点是电极材料可以自由选择，不受凸模的限制，但凸、凹模间隙会受到放电间隙的限制；又由于凸模单独制造，故间隙不易保证均匀。

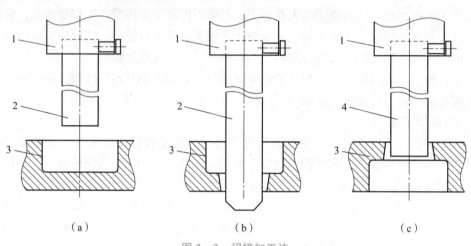

图3-3 间接加工法

(a) 加工前；(b) 加工后；(c) 配制凸模

1—主轴头；2—工具电极；3—工件（凹模）；4—凸模（另制）

3）混合加工法

混合加工法是指电极与凸模选用的材料不同，通过焊锡或其他黏合剂，将电极与凸模黏结在一起共同用线切割或磨削成形，然后对凹模进行加工，加工后将电极与凸模分开，如图3-4所示。此法有直接加工法的工艺效果，可提高生产率。若电极采用较好的材料，则放电加工性能会更好，且质量和精度都比较稳定、可靠。

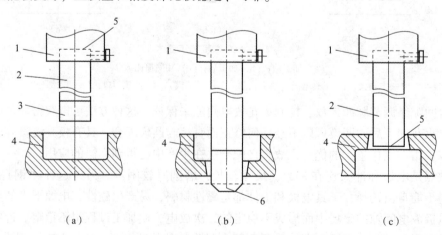

图3-4 混合加工法

(a) 加工前；(b) 加工后；(c) 切除损耗部分

1—主轴头；2—凸模（冲头）；3—工具电极（纯铜）；4—工件（凹模）；5—凸模刃口；6—切除部分（纯铜电极）

由于线切割加工机床性能的不断提高和完善，可以很方便地加工出任何配合间隙的冲模，一次编程可以加工出凹模、凸模、卸料板和固定板等，而且在有锥度切割功能的线切割机床上还可以切割出刃口斜度和落料角。因此，目前绝大多数凸、凹冲模都已采用线切割加工。

4）阶梯工具电极加工法

阶梯工具电极加工法在冲模电火花成形加工中极为普遍，其应用主要有以下两种。

（1）无预孔或加工余量较大时，可以将工具电极制作为阶梯状，即将工具电极分为两段：缩小了尺寸的粗加工段和保持凸模尺寸的精加工段。粗加工时，采用工具电极相对损耗小、加工速度高的电参数加工，粗加工段加工完成后只剩下较小的加工余量，如图 3 – 5（a）所示；精加工段即凸模段，可采用类似于直接法的方法进行加工，以达到凸、凹模配合的技术要求，如图 3 – 5（b）所示。

（2）在加工小间隙和无间隙的冲模时，配合间隙小于最小的电火花加工放电间隙，用凸模作为精加工段是不能实现加工的，故可将凸模加长后再加工或腐蚀成阶梯状，使阶梯的精加工段与凸模有均匀的尺寸差，通过加工参数对放电间隙尺寸的控制，在加工后使之符合凸凹模配合的技术要求，如图 3 – 5（c）所示。

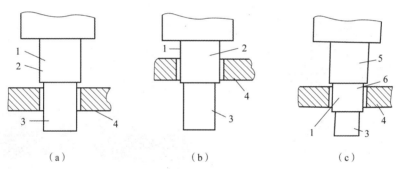

图 3 – 5　用阶梯工具电极加工冲模

1—精加工段；2—工具电极（冲头）；3—粗加工段；4—工件；5—冲头；6—工具电极

2. 电火花成形加工

电火花成形加工和穿孔加工相比，有下列特点：

（1）电火花成形加工为不通孔加工，工作液循环困难，电蚀产物排出条件差。

（2）型腔多由球面、锥面和曲面组成，且在一个型腔内常有各种圆角、凸台或凹槽，有深有浅，还有各种形状的曲面相接，轮廓形状不同，结构复杂。因此加工中电极的长度和型面损耗不一，损耗规律复杂，电极的损耗不可能由进给实现补偿，且型腔加工的电极损耗也较难进行补偿。

（3）材料去除量大，表面质量要求严格。

（4）加工面积变化大，要求电规准的调节范围相应也大。

电火花成形加工方法主要有单电极平动法、多电极更换法和分解电极加工法等，选择时要根据工件成形的技术要求、复杂程度、工艺特点、机床类型及脉冲电源的技术规格、性能特点而定。

1）单电极平动加工法

单电极平动法在型腔模电火花加工中应用最为广泛，它是用一个电极按照粗、中、精的顺序逐级改变电规准，与此同时，依次加大电极的平动量，以补偿前后两个加工规准之间型腔侧面放电间隙差和表面微观不平度差，实现型腔侧面仿型修光，如图3-6所示。所谓平动是指工具电极在垂直于型腔深度方向的平面内相对于工件做微小的平移运动，如图3-7所示，该运动是由机床附件"平动头"来实现的，图3-8所示为机床常用平动头。

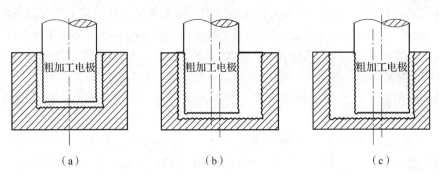

(a)   (b)   (c)

图3-6　单电极平动加工法

(a) 粗加工；(b) 精加工型腔（左侧）；(c) 精加工型腔（右侧）

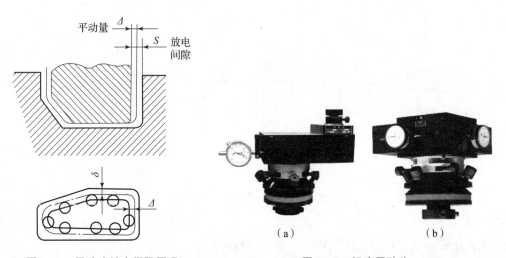

图3-7　平动头扩大间隙原理

图3-8　机床平动头

(a) 机械平动头；(b) 数控平动头

这种方法的优点是只需一个电极、一次装夹定位，便可达到 ±0.05 mm 的加工精度。另外平动加工可使电极损耗均匀、改善排屑条件，加工容易稳定；缺点是难以获得高精度的型腔模，特别是难以加工出清棱、清角的型腔，因为平动时，电极上的每一个点都按平动头的偏心半径做圆周运动，清角半径由偏心半径决定。电极在粗加工时容易引起不平的表面龟裂状的积炭层，影响型腔表面粗糙度。

采用数控电火花加工机床时，是利用工作台按一定轨迹做微量移动来修光侧面的，为了区别于夹持在主轴头上平动头的运动，通常将其称作"摇动"。由于摇动轨迹是靠数控系统产生的，所以具有更灵活多样的模式。除了小圆运动轨迹外，还有方形、十字形运动轨迹，因此更能适应复杂形状的侧面修光，尤其可以做到尖角处的"清根"，这是平动头所无法做到的。图3-9所示为电火花三轴数控摇动加工立体示意图。图3-9 (a) 所示为摇动加工修光六角型孔侧壁和底面，图3－9（b）所示为摇动加工修光半圆柱侧壁和底面，图3－9（c）所示为摇动加工修光半圆球柱侧壁和球头底面，图3－9（d）所示为摇动加工修光四方孔壁和底面，图3－9（e）所示为摇动加工修光圆孔孔壁和孔底，图3－9（f）所示为摇动加工三维放射进给对四方孔底面进行修光并清角，图3－9（g）所示为摇动加工三维放射进给修清圆孔底面、底边，图3－9（h）所示为用圆柱形工具电极摇动展成加工出任意角度的内圆锥面。由此可见，数控电火花加工机床更适合于单电极法加工。

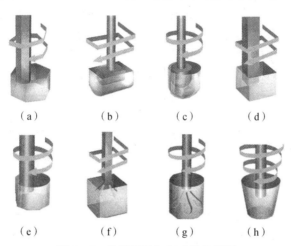

图3－9　数控摇动加工功能示意图

（a）六面体；（b）半圆柱；（c）半球形；（d）立方体；（e）圆柱体；

（f）三维放射加工立方体；（g）三维放射加工圆柱体；（h）内圆锥体

2）多电极更换加工法

多电极更换成形加工是采用分别制造的粗、中、精加工用电极依次更换来加工同一个型腔。

这种方法是先用粗加工电极去除大量金属，然后换半精加工电极完成粗加工到精加工的过渡，最后用精加工电极进行精加工。每个电极加工时，必须把上一规准的放电痕迹去掉。一般用两个电极进行粗、精加工就可以满足要求，如图3－10所示。当型腔模的精度和表面质量要求很高时，才采用粗、半精、精加工电极进行加工，必要时还要采用多个精加工电极来修正精加工的电极损耗。

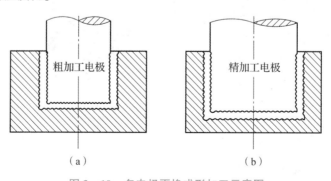

图3－10　多电极更换成形加工示意图

（a）粗加工；（b）更换大电极精加工

这种方法的优点是仿形精度高，尤其适用于尖角、窄缝多的型腔加工；其缺点是需要用精密机床制造多个电极，另外电极更换时要有高的重复定位精度，需要附件和夹具来配合，因此一般只用于精密型腔加工。

3）分解电极法

分解电极法是单电极平动加工法和多电极更换加工法的综合应用。根据型腔的几何形状，把电极分解成主型腔和副型腔电极分别制造，先用主型腔电极加工出主型腔，再用副型腔电极加工夹角、窄缝、异形盲孔等部位。其工艺灵活性强，仿形精度高，适用于尖角窄缝、沉孔、深槽多的复杂型腔模具加工，如图 3 – 11 所示。

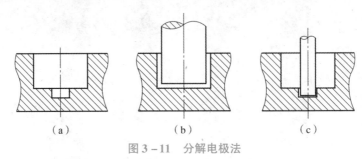

(a)　　　　　　　　(b)　　　　　　　　(c)

图 3 – 11　分解电极法

(a) 型腔；(b) 加工主型腔；(c) 加工副型腔

这种方法的优点是可根据主、副型腔不同的加工条件，选择不同的电极材料和加工规准，有利于提高加工速度和改善表面质量，同时还可简化电极制造、便于电极修整；缺点是主型腔和副型腔间的定位精度要求高，当采用高精度的数控机床和完善的电极装夹附件时，这一缺点是不难克服的。

通过采用像加工中心那样具有电极库的 3 ~ 5 坐标数控电火花加工机床，事先把复杂型腔分解为简单表面和相应的简单电极，编制好程序，加工过程中自动更换电极和转换规准，实现复杂型腔的加工。同时配合一套高精度辅助工具、夹具系统，可以大大提高电极的装夹定位精度，使采用分解电极法加工的模具精度大为提高。

4）集束电极加工法

针对传统电火花成形加工中电极制造成本高、加工效率低等问题，研究人员提出一种利用空心管状电极组成的集束电极进行电火花加工的新方法，该方法把三维复杂电极型面离散化成由大量微小截面单元组成的近似曲面，每一个截面单元对应一个长度不等的空心管状电极单元，这些电极单元组合后即形成端面与原曲面形状近似的集束电极，如图 3 – 12 所示，这样就把一个复杂三维成形电极型面的加工问题转化为单个微小截面棒状电极的长度截取和排列问题，大大降低了电极的加工难度和制造成本。每个微小电极均为中空结构，可将工作液介质强迫冲出，再辅以电极摇动功能，就可以获得一种经济、高效的

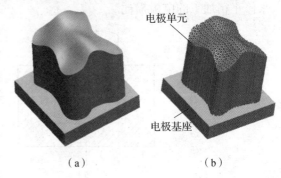

电极单元

电极基座

(a)　　　　　　　(b)

图 3 – 12　成形与集束电极转化原理图

(a) 成形电极；(b) 集束电极

电火花加工方法，尤其适用于进行工件材料去除较大的粗加工。若将电极单元进行分组绝缘并采用多组脉冲并联供电的方式，相当于多台脉冲电源同时投入工作，可以成倍提高加工效率。

实践证明这种工艺方法不仅能显著降低电极制造成本和制备时间，还可进行具有充分、均匀冲液效果的多孔内冲液，从而实现传统实体成形电极所无法达到的大峰值电流高效加工效果，总加工工时大幅度缩短，电极成本也大幅下降。

3. 电火花铣削加工

随着加工自动化的不断发展，多坐标数控电火花加工机床得到越来越广泛的应用。近年来出现了在多轴联动电火花数控机床上利用简单形状电极（圆柱形）对三维型腔或型面进行展成加工的方法，如图 3 - 13 所示。这样可以充分利用 CAD/CAM 技术，根据被加工型面，生成类似于数控铣刀的走刀轨迹，逐步形成三维复杂型面。这种加工方法与数控铣削有很大的差别，电火花铣削加工是靠电蚀除加工去除金属，不受工件材料硬度、强度限制，工具制造极为简单，成本很低，但它在加工过程中不断地产生直径和长度方向上的损耗，因而它的"刀具补偿"是动态的，加工规律复杂程度远超过铣削加工，因此目前距商业化应用仍有距离。电火花铣削加工现场及实物如图 3 - 14 所示。

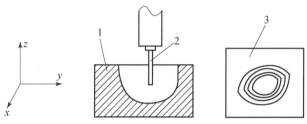

图 3 - 13　电火花铣削加工示意图
1—工件；2—圆柱电极；3—走刀轨迹

图 3 - 14　电火花铣削加工现场及实物

二、电极设计

电极设计是电火花加工中的关键点之一。在设计中，首先是详细分析产品图纸，确定电火花加工位置；第二是根据现有设备、材料、拟采用的加工工艺等具体情况确定电极的结构形式；第三是根据不同的电极损耗、放电间隙等工艺要求对照型腔尺寸进行缩放，同时要考虑工具电极各部位投入放电加工的先后顺序不同，工具电极上各点的总加工时间和损耗不同，同一电极上端角、边和面上的损耗值不同等因素来适当补偿电极。例如，图 3 - 15 所示为经过损耗预测后对电极尺寸和形状进行补偿修正的示意图。

1. 电极的尺寸

电极的尺寸包括长度尺寸和截面尺寸。凹模的尺寸精度主要靠工具电极来保证，电极的精度和表面粗糙度应符合要求，要求工具电极的尺寸精度和表面粗糙度比凹模高一级，一般精度应不低于 IT7 级，公差通常是型腔相应部分公差的 1/2，并按入体原则标注；表面粗糙度 Ra 值小于 1.25 μm，且直线度、平面度和平行度在 100 mm 长度上小于 0.01 mm。

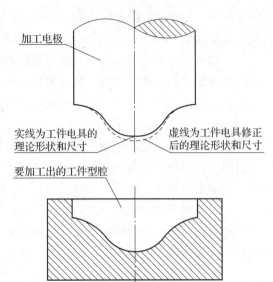

加工电极

实线为工件电具的理论形状和尺寸

虚线为工件电具修正后的理论形状和尺寸

要加工出的工件型腔

图 3-15　电极补偿图

1) 长度尺寸

穿孔加工时，工具电极应有足够的长度，除主要考虑工件的有效厚度（通孔工件）外，还要考虑到电极的损耗、使用次数和装夹形式等多种因素。一般情况下，电极的有效长度（即总长度减去装夹等辅助长度）通常取工件厚度的 2.5~3.5 倍，当需用一个电极加工几个工件或加工一个凹模上的几个相同型孔时，电极的有效长度还应适当加长。

如图 3-16（a）所示的凹模穿孔加工电极，L_1 为凹模板挖孔部分长度尺寸，在实际加工中，L_1 虽然不需要电火花加工，但在设计电极时必须考虑该部分长度，L_3 为电极加工中端面损耗部分，在设计中也要考虑。

如图 3-16（b）所示的电极用来清角，即清除某型腔的角部圆角，加工部分电极较细，受力易变形，由于电极定位、校正的需要，在实际中应适当增加长度 L_1 的部分。

对于加工型腔模所用电极的有效长度，一般取工件型腔深度加上 2 倍最大蚀除深度即可，当电极下端可修复续用时，则应增加供修复的长度。

如图 3-16（c）所示的电火花成形电极，电极尺寸包括了加工一个型腔的有效高度 L、加工一个型腔位于另一个型腔中需增加的高度 L_1、加工结束时电极夹具和夹具或压板不发生碰撞而应增加的高度 L_2 等。

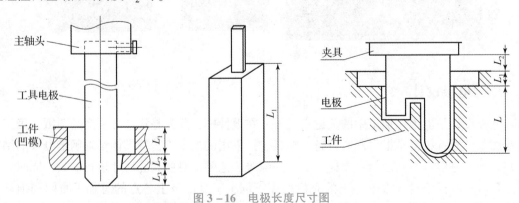

主轴头

工具电极

工件（凹模）

夹具

电极

工件

图 3-16　电极长度尺寸图
（a）凹模穿孔加工电极；（b）清角电极；（c）成形加工电极

当能满足装夹和加工所需时，其电极长度应尽量缩短，以增强电极刚度和加工过程的稳定性，还有利于成形磨削加工以及对电极形状的投影检验。

2）截面尺寸

穿孔加工时工具电极的截面轮廓尺寸除考虑配合间隙外，还要考虑比预定加工的型孔尺寸均匀地缩小一个加工的火花放电间隙。如图 3－17 所示，凹模的尺寸为 L_2，工具电极相应的尺寸为 L_1，单面火花间隙值为 S_L，则

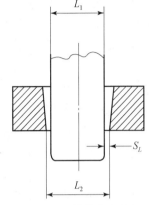

$$L_2 = L_1 + S_L \qquad (3-1)$$

式中，火花间隙值 S_L 主要决定于脉冲参数与机床的精度，只要加工规准选择恰当，保证加工的稳定性，火花间隙值 S_L 的误差是很小的，因此，只要工具电极的尺寸精确，用它加工出的凹模也是比较精确的。

图 3－17 凹模的电火花加工

加工型腔模时的工具电极尺寸不仅与模具的大小、形状和复杂程度有关，而且与电极材料、加工电流、深度、余量及间隙等因素有关。当采用平动法加工时，还应考虑所选用的平动量。如图 3－18 所示，任何有内、外直角及圆弧型腔的，均可用下式确定：

$$a = A \pm Kb \qquad (3-2)$$

式中：a——电极水平方向尺寸；

A——型腔图样上的名义尺寸；

K——与型腔尺寸标注有关的系数，直径方向（双边）$K=2$，半径方向（单边）$K=1$；

b——电极单边缩放量，粗加工时 $b = \delta_1 + \delta_2 + \delta_0$（包括平动头偏心量，一般取 0.5～0.9 mm，δ_1、δ_2、δ_0 的意义参见图 3－19）。

式（3－2）中的"$\pm$"号按缩放原则确定，凡图样上型腔凸出部分，其相对应的电极凹入部分的尺寸应放大，即用"$+$"号；反之，凡图样上型腔凹入部分，其相对应的电极凸出部分的尺寸应缩小，即用"$-$"号。如图 3－18 中计算 a_1 时用"$-$"号，计算 a_2 时用"$+$"号。

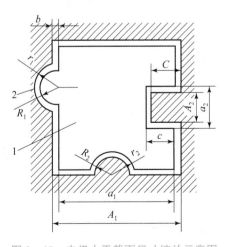

图 3－18 电极水平截面尺寸缩放示意图

1—工具电极；2—工件型腔

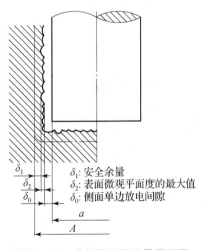

δ_1：安全余量
δ_2：表面微观平面度的最大值
δ_0：侧面单边放电间隙

图 3－19 电极单边缩放量原理图

2. 排气孔和冲油孔设计

型腔加工一般均为不通孔加工,排气、排屑状况将直接影响加工速度、稳定性和表面质量。为改善排气、排屑条件,大、中型腔加工电极都设计有排气、冲油孔。一般情况下,开孔的位置应尽量保证冲液均匀和气体易于排出。在实际设计中要注意以下几点:

(1) 冲油孔和排气孔的直径为平动量的1~2倍,一般为$\phi 1 \sim \phi 1.5$ mm。为便于排气排屑,经常将冲油孔或排气孔上端直径加大到$\phi 5 \sim \phi 8$ mm,如图3-20(a)所示。孔的数目应以不产生蚀除物堆积为宜,孔距在20~40 mm,位置相对错开,以避免加工表面出现"波纹"。

(2) 气孔尽量开在蚀除面积较大以及电极端部有凹入的部位,如图3-20(b)所示。

(3) 冲油孔要尽量开在不易排屑的拐角和窄缝处,如图3-20(c)所示的形式不好,而图3-20(d)所示的形式较好。

(4) 尽可能避免冲油孔在加工后留下的柱芯,如图3-20(f)~图3-20(h)所示的形式较好,图3-20(e)所示的形式不好。

(5) 冲油孔的布置需注意冲油要流畅,不可出现无工作液流经的"死区"。

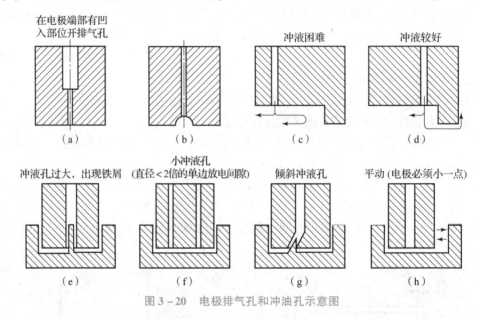

图3-20 电极排气孔和冲油孔示意图

 任务实施

本任务的孔形模具型腔其尺寸精度和表面粗糙度要求较高,故采用电极平动的加工方式,其加工工艺过程见表3-1。

表3-1 电火花加工孔形模具型腔加工工艺

工序	工序名称	工序内容
工序1	工件准备	对工件进行预加工,将工件除磁去锈
工序2	工件装夹	将工件装夹到工作台上

续表

工序	工序名称	工序内容
工序 3	工件校正	对工件进行平行度和垂直度校正
工序 4	电极设计	对电极进行设计
工序 5	电极装夹	将电极装夹到机床主轴上
工序 6	电极校正	对电极进行平行度和垂直度校正
工序 7	电极与工件定位	将电极定位到工件待加工部位上方
工序 8	加工	选择合适的加工参数进行加工
工序 9	加工后检验	对加工完成部位进行检验

一、工件的准备、装夹与校正

1. 工件的准备

将工件去除毛刺，除磁去锈。

2. 工件的装夹与校正

将工件装夹在电火花加工用的专用永磁吸盘上，利用千分表对工件进行校正，使工件的一边与机床坐标轴 X 轴或 Y 轴平行。

二、电极的设计、装夹与校正

1. 电极的设计

电极材料选择紫铜。

本零件电极的结构设计要考虑电极的装夹与校正，其电极设计如图 3 – 21 所示。

1）结构形式

该电极共分三个部分，直接加工部分用于加工型腔，同时用来校正电极；另外，由于该电极形状对称，为了便于识别方向，特意在本电极的装夹部分设计了 5 mm 的倒角作为基准角。

2）尺寸分析

垂直方向尺寸：电极 1 部分用来加工，根据经验，在加工型腔深度 10 mm 的基础上需要增加 10 ~ 20 mm。

水平方向尺寸：横截面尺寸根据经验值确定，在没有实际经验的情况下根据加工条件来选定。

根据加工孔的面积，$A = 3.14 \times 1^2 = 3.14$（$cm^2$），若采用标准型参数表（见表 2 – 8，兼顾加工效率和电极损耗，选加工条件 C131），则理想的电极横截面尺寸为加工孔的直径减去安全间隙，即 20 – 0.61 = 19.39（mm）。

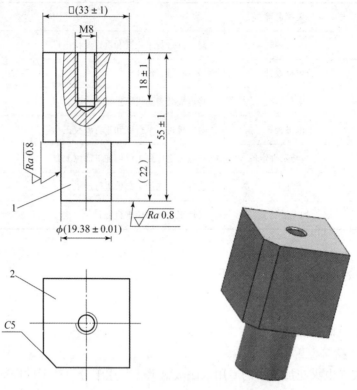

图 3 – 21　电极的设计

1—直接加工部分；2—装夹部分；3—基准角

2. 电极装夹与校正

根据电极装夹与校正的方法将电极装夹在电极夹头上，校正电极。

三、电极的定位

本任务要求电极定位十分精确，电火花加工定位过程如图 3 – 22 所示，通常采用机床的自动找外中心功能实现电极在工件中心的定位。

电极定位时，首先通过目测将电极移到工件中心正上方约 5 mm 处，如图 3 – 22（a）所示，将机床的工作坐标清零，然后通过手控盒将电极移到工件的左下方，如图 3 – 22（b）所示。电极移到工件左下方的具体数值可参考：在 XY 平面上，电极距离工件的侧边距离为 10 ~ 15 mm；在 XZ 平面上，电极低于工件上表面 5 ~ 10 mm。记下此时机床屏幕上的工件坐标，取整数分别输入到机床找外中心屏幕上的 X 向行程、Y 向行程、下移距离，如图 3 – 22（c）所示。然后将电极移动到工件坐标系的零点，即最开始目测的工件中心上方约 5 mm 的地方。最后按照机床的相应说明操作机床，分别在 $X +$、$X -$、$Y +$、$Y - 4$ 个方向对电极进行感知，并最终将电极定位于工件的中心。同理，电极通过 G80 Z – 可以实现电极在 Z 方向的定位，如图 3 – 22（e）所示。

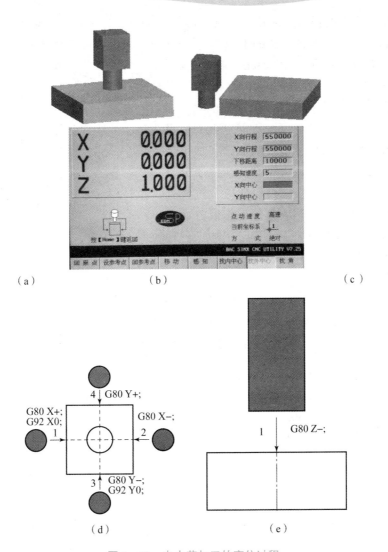

图 3 – 22　电火花加工的定位过程

任务拓展

电极损耗

在生产实际中，衡量工具电极是否耐损耗，不只是看工具损耗速度 v_e，还要看同时能达到的加工速度 v_w，因此，采用相对损耗或称损耗比 θ 作为衡量工具电极耐损耗的指标，即

$$\theta = \frac{v_e}{v_w} \times 100\%$$

式中，加工速度和损耗速度若均以 mm^3/min 为单位计算，则 θ 为体积相对损耗比；若均以 g/min 为单位计算，则 θ 为质量相对损耗比；若以工具电极损耗长度与工件加工深度之比来表示，则为长度相对损耗。

在加工中采用长度相对损耗比较直观，测量较为方便，但由于电极部位不同，损耗不同，因此，长度相对损耗还分为端面损耗、侧面损耗、角部损耗，如图3-23所示。在加工中，同一电极的角部损耗>侧面损耗>端面损耗。

在电火花加工中，若电极的相对损耗小于1%，则称为低损耗电火花加工。低损耗电火花加工能最大限度地保持加工精度，所需电极的数目也可减至最小，因而简化了电极的制造。加工工件的表面粗糙度Ra可达3.2 μm以下。除了充分利用电火花加工的极性效应、覆盖效应及选择合适的工具电极材料外，还可从改善工作液方面着手，实现电火花的低损耗加工。若采用加入各种添加剂的水基工作液，还可实现对紫铜或铸铁电极小于1%的低损耗电火花加工。

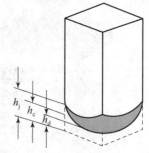

h_j:角部损耗长度
h_c:侧面损耗长度
h_d:端面损耗长度

图3-23　电极损耗长度说明图

1. 电参数的影响

1）脉冲宽度的影响

在峰值电流一定的情况下，随着脉冲宽度的减小，电极损耗增大。脉冲宽度越窄，电极损耗θ上升的趋势越明显，如图3-24所示，所以精加工时的电极损耗比粗加工时的电极损耗大。

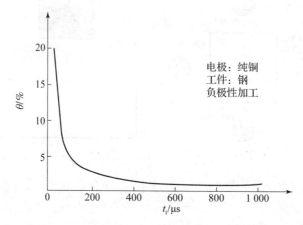

电极：纯铜
工件：钢
负极性加工

图3-24　脉宽与电极相对损耗的关系

脉冲宽度增大，电极相对损耗降低的原因总结如下：

（1）脉冲宽度增大，单位时间内脉冲放电次数减少，使放电击穿引起电极损耗的影响减小。同时，负极（工件）承受正离子轰击的机会增多，正离子加速的时间也长，极性效应比较明显。

（2）脉冲宽度增大，电极"覆盖效应"增加，也减少了电极损耗。在加工中电蚀产物（包括被熔化的金属和工作液受热分解的产物）不断沉积在电极表面，对电极的损耗起补偿作用。但若这种飞溅沉积的量大于电极本身损耗，就会破坏电极的形状和尺寸，影响加工效果；如飞溅沉积的量恰好等于电极的损耗，两者达到动态平衡，则可得到无损耗加工。由于电极端面、角部、侧面损耗的不均匀性，因此无损耗加工是难以实现的。

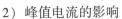

2）峰值电流的影响

对于一定的脉冲宽度，加工时的峰值电流不同，电极损耗也不同。

用紫铜电极加工钢时，随着峰值电流的增加，电极损耗也增加。图 3－25 所示为峰值电流对电极相对损耗的影响。由图 3－25 可知，要降低电极损耗，应减小峰值电流。因此，对一些不适宜用长脉冲宽度粗加工而又要求损耗小的工件，应使用窄脉冲宽度、低峰值电流的方法。

由上可见，脉冲宽度和峰值电流对电极损耗的影响效果是综合性的，只有脉冲宽度和峰值电流保持一定关系，才能实现低损耗加工。

3）脉冲间隔的影响

在脉冲宽度不变时，随着脉冲间隔的增加，电极损耗增大，如图 3－26 所示。因为脉冲间隔加大，引起放电间隙中介质消电离状态的变化，使电极上的"覆盖效应"减少。

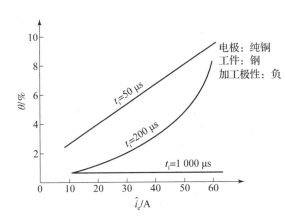

图 3－25　峰值电流与电极相对损耗的关系　　　　图 3－26　脉冲间隔对电极相对损耗的影响

随着脉冲间隔的减小，电极损耗也随之减少，但超过一定限度，放电间隙将来不及消电离而造成拉弧烧伤，反而会影响正常加工的进行，尤其是粗规准、大电流加工时，更应注意。

4）加工极性的影响

在其他加工条件相同的情况下，加工极性不同对电极损耗影响很大（见图 3－27），当脉冲宽度 t_i 小于某一数值时，正极性损耗小于负极性损耗；反之，当脉冲宽度 t_i 大于某一数值时，负极性损耗小于正极性损耗。一般情况下，采用石墨电极和铜电极加工钢时，粗加工用负极性，精加工用正极性，但在钢电极加工钢时，无论是粗加工还是精加工都要用负极性，否则电极损耗将大大增加。

2. 非电参数对电极损耗的影响

1）加工面积的影响

在脉冲宽度和峰值电流一定的条件下，加工面积对电极损耗影响不大，是非线性的，如图 3－28 所示。当电极相对损耗小于 1% 时，随着加工面积的继续增大，电极损耗减小的趋势越来越慢；当加工面积过小时，则随着加工面积的减小而电极损耗急剧增加。

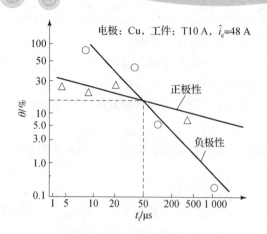

图 3-27 加工极性对电极相对损耗的影响

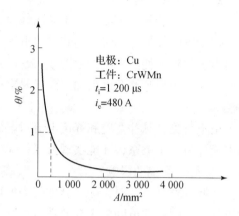

图 3-28 加工面积对电极相对损耗的影响

2）冲油或抽油的影响

由前面所述，对形状复杂、深度较大的型孔或型腔进行加工时，若采用适当的冲油或抽油的方法进行排屑，有助于提高加工速度。但另一方面，冲油或抽油压力过大反而会加大电极的损耗，因为强迫冲油或抽油会使加工间隙的排屑和消电离速度加快，这样减弱了电极上的"覆盖效应"。当然，不同的工具电极材料对冲油、抽油的敏感性不同，如图 3-29 所示，当用石墨电极加工时，电极损耗受冲油压力的影响较小，而紫铜电极损耗受冲油压力的影响较大。

因此在电火花成形加工中，应谨慎使用冲、抽油。加工本身较易进行且稳定的电火花加工，不宜采用冲、抽油；若非采用冲、抽油不可的电火花加工，也应注意冲、抽油压力维持在较小的范围内。

冲、抽油方式对电极损耗无明显影响，但对电极端面损耗的均匀性有较大区别。冲油时电极损耗呈凹形端面，抽油时则形成凸形端面，如图 3-30 所示。这主要是因为冲油进口处所含各种杂质较少，温度比较低，流速较快，使进口处"覆盖效应"减弱。

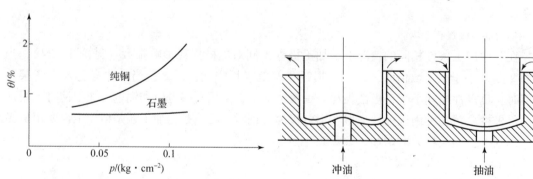

图 3-29 冲油压力对电极相对损耗的影响　　　图 3-30 冲油、抽油方式对电极端面损耗的影响

实践证明，当油孔的位置与电极的形状对称时用交替冲油和抽油的方法，可使冲油或抽油所造成的电极端面形状的缺陷互相抵消，得到较平整的端面。另外，采用脉动冲油（冲油不连续）或抽油比连续的冲油或抽油的效果好。

3）电极的形状和尺寸的影响

在电极材料、电参数和其他工艺条件完全相同的情况下，电极的形状和尺寸对电极损耗影响也很大（如电极的尖角、棱边、薄片等）。如图 3 – 11 所示的型腔，用整体电极加工较困难，电极损耗不同，而在实际中首先加工主型腔，再用小电极加工副型腔。

4）工具电极材料的影响

工具电极损耗与其材料有关，钨、钼的熔点和沸点较高，损耗小，但其机械加工性能不好，价格又高，所以除电火花线切割用钨钼丝外，其他电火花加工很少采用。纯铜的熔点虽然较低，但其导热性好，因此损耗也较少，又方便制成各种精密、复杂的电极，常作为中、小型腔加工的工具电极。石墨电极不仅热学性能好，而且在长脉冲粗加工时能吸附游离的碳补偿电极的损耗，所以相对损耗很低，目前已广泛用作型腔加工的电极。铜碳、铜钨、银钨合金等复合材料，不仅导热性好，而且熔点高，因而电极损耗小，但由于其价格较高，制造成形比较困难，所以一般只在精密电火花加工时采用。

工具电极损耗的大致顺序如下：银钨合金＜铜钨合金＜石墨（粗规准）＜紫铜＜钢＜铸铁＜黄铜＜铝。

上述诸因素对电极损耗的影响是综合作用的，应根据实际加工经验，进行必要的试验和调整。

任务二　加工条件的选择

任务导入

与其他加工方式相比，影响电火花加工的因素较多，并且在加工过程中还存在着许多不确定因素，如脉冲电源的极性、脉冲宽度、脉冲间隔、峰值电流、电极放电面积、加工深度、电极缩放量等，这些因素与最终加工质量有着密切关系，只有选择合理的加工条件才能达到预期的加工效果。

任务目标

知识目标

1. 掌握加工规准的选择与转换

2. 掌握加工条件选择的方法

能力目标

能进行加工条件的选择

素质目标

培养举一反三的学习能力

知识链接

一、加工规准的选择与转换

电火花加工中所选用的一组电脉冲参数称为电规准。电规准应根据工件的加工要求、电极和工件材料、加工的工艺指标等因素来选择。选择的电规准是否恰当，不仅会影响工件的加工精度，还直接影响加工的生产率和经济性，在生产中主要通过工艺试验确定。通常要用几个规准才能完成加工的全过程。电规准分为粗、中、精3种，从一个规准调整到另一个规准，称为电规准的转换。

1. 粗规准的选择

粗规准主要用于粗加工，对它的要求是生产率高，工具电极损耗小、被加工表面的粗糙度 $Ra < 12.5\ \mu m$，所以粗规准一般采用较大的电流峰值、较长的脉冲宽度。

2. 中规准的选择

中规准是粗、精加工间过渡性加工所采用的电规准，用以减小精加工余量，促进加工稳定性和提高加工速度。中规准一般采用较短的脉冲宽度，被加工表面粗糙度为 $Ra6.3 \sim 3.2\ \mu m$。

3. 精规准的选择

精规准用来进行精加工，要求在保证工件各项技术要求（如配合间隙、表面粗糙度和刃口斜度）的前提下尽可能提高生产率，故多采用小的电流峰值、高频率和短的脉冲宽度。被加工表面粗糙度可达 $Ra1.6 \sim 0.8\ \mu m$。

4. 电规准的转换

在规准转换时，其他工艺条件也要适当配合，粗规准加工时，排屑容易，冲油压力应小些；转入精规准后加工深度增加，放电间隙小，排屑困难，冲油压力应逐渐增大；当穿透工件时，冲油压力适当降低。对加工斜度、表面粗糙度要求较小和精度要求较高的冲模加工，要将上部冲油改为下端抽油，以减小二次放电的影响。加工尺寸小、形状简单的浅型腔，电规准转换挡数可少些；加工尺寸大、深度大、形状复杂的型腔，电规准转换挡数应多些。粗规准一般选择1挡，中规准和精规准选择2~4挡。开始加工时，应选粗规准参数进行加工，当型腔轮廓接近加工深度（大约留1 mm的余量）时，减小电规准，依次转换成中、精规准各挡参数加工，直至达到所需的尺寸精度和表面粗糙度。

二、加工条件的选择

由于操作者经验不足，往往使设备性能和功能得不到充分的发挥，造成很大的资源浪费。目前机床具有含有工艺知识库的自动加工系统，操作者可以很容易地确定适合不同加工要求的最优加工条件。表3-2所示为铜打钢标准型参数。

表 3 - 2　铜打钢标准型参数

条件号	面积 /cm²	安全间隙 /mm	放电间隙 /mm	加工速度 /(mm³·min⁻¹)	损耗 /%	表面粗糙度 Ra/μm 侧面	表面粗糙度 Ra/μm 底面	极性	电容	高压管数	管数	脉冲间隙	脉冲宽度	模式	损耗类型	伺服基准	伺服速度	极限值 脉冲间隙	极限值 伺服基准
121	—	0.045	0.040	—	—	1.1	1.2	+	0	0	2	4	8	8	0	80	8	—	—
123	—	0.070	0.045	—	—	1.3	1.4	+	0	0	3	4	8	8	0	80	8	—	—
124	—	0.10	0.050	—	—	1.6	1.6	+	0	0	4	6	10	8	0	80	8	—	—
125	—	0.12	0.055	—	—	1.9	1.9	+	0	0	5	6	10	8	0	75	8	—	—
126	—	0.14	0.060	—	—	2.0	2.6	+	0	0	6	7	11	8	0	75	10	—	—
127	—	0.22	0.11	4.0	—	2.8	3.5	+	0	0	7	8	13	8	0	75	10	—	—
128	1	0.28	0.165	12.0	0.40	3.7	5.8	+	0	0	8	11	15	8	0	75	10	5	52
129	2	0.38	0.22	17.0	0.25	4.4	7.4	+	0	0	9	13	17	8	0	75	12	6	52
130	3	0.46	0.24	26.0	0.25	5.8	9.8	+	0	0	10	13	18	8	0	70	12	6	50
131	4	0.61	0.31	46.0	0.25	7.0	10.2	+	0	0	11	13	18	8	0	70	12	5	48
132	6	0.72	0.36	77.0	0.25	8.2	12	+	0	0	12	14	19	8	0	65	15	5	48
133	8	1.00	0.53	126.0	0.15	12.2	15.2	+	0	0	13	14	22	8	0	65	15	5	45
134	12	1.06	0.544	166.0	0.15	13.4	16.7	+	0	0	14	14	23	8	0	58	15	7	45
135	20	1.581	0.84	261.0	0.15	15.0	18.0	+	0	0	15	16	25	8	0	58	15	8	45

表 3 - 2 中各部分参数说明：

（1）高压管数：当高压管数为 0 时，两极间的空载电压为 100 V，否则为 300 V；管数为 0～3，每个功率管的电流为 0.5 A。高压管数的选择一般在小面积加工时加工不动的情况或在精加工时加工不易均匀的情况下选用。

（2）电容：即在两极间回路上增加一个电容，用于表面非常小或表面粗糙度要求很高的 EDM 加工，以增大加工回路间的间隙电压。

（3）极性：放电加工时电极的极性有正极性和负极性两种，当电极为正时为正极性，电极为负时为负极性。成形机一般采用正极性加工，只有在窄脉宽加工时才采用负极性加工，如铜打钢超精表面加工、加工硬质合金等硬材料。此外，当电极工件倒置时也采用负极性加工。正常情况下，如果极性接反，会增大损耗，所以对要求洗电极的地方，要采用负极性加工。

（4）伺服速度：即伺服反应的灵敏度，其取值范围为 0～20。其值越大，灵敏度越高。所谓灵敏度，是指加工时出现不良放电时的抬刀快慢。

（5）模式：它由两位十进制数字构成。00—关闭（OFF），用在排屑状态特别好的情况下；04—用在深孔加工或排屑状态特别差的情况下；08—用在排屑状态良好的情况下；16—

抬刀自适应，当放电状态不好时，自动减小两次抬刀之间的放电时间，这时，抬刀高度（UP）一定要不为零；32—电流自适应控制。例如，用5°的锥形电极加工20 mm孔时，模式可以设为32 + 4 + 16 = 52。

（6）放电间隙：加工条件的火花间隙，为双边值。

（7）安全间隙：加工条件的安全间隙，为双边值。一般来说，安全间隙M包含3部分：放电间隙、粗加工侧向表面粗糙度、安全余量（主要考虑温度影响、表面粗糙度测量误差）。

另外需要注意的是，如果工件加工后需要抛光，那么在水平尺寸的确定过程中需要考虑抛光余量等再加工余量。一般情况下，加工钢时，抛光余量为精加工表面粗糙度Ra_{max}的3倍；加工硬质合金钢时，抛光余量为精加工粗糙度Ra_{max}的5倍。

（8）底面Ra：加工条件的底面粗糙度。

（9）侧面Ra：加工条件的侧面粗糙度。

根据表3 – 2进行加工条件选择的步骤如下：

（1）确定第一个加工条件。根据电极要加工部分在工作面投影面积的大小，选择第一个加工条件。

（2）由表面粗糙度要求确定最终加工条件。

（3）中间条件全选。

三、平动量的分配

平动量的分配是单电极平动加工法的一个关键问题。粗加工时，电极不平动，中间各挡加工时平动量的分配主要取决于被加工表面由粗变细的修光量，此外还和电极损耗、平动头原始偏心量、主轴进给运动的精度等有关。

 任务实施

一、加工条件选择

根据加工型腔的面积，确定电极的理想尺寸为ϕ19.39 mm，因此根据设计尺寸，实际加工出来的电极的尺寸可能刚好等于19.39 mm，也可能小于19.39 mm，也可能大于19.39 mm。下面以电极尺寸19.41 mm为例说明加工条件的选择。

（1）电极横截面尺寸为3.14 cm^2，根据表3 – 2，可选择初始加工条件C131，但采用C131时电极的最大尺寸为19.39 mm（型腔尺寸减去安全间隙：20 – 0.61 = 19.39（mm））。现有电极若大于19.39 mm，则只能选下一个条件C130为初始加工条件。当选C130为初始加工条件时，电极的最大直径为20 – 0.46 = 19.54（mm）。现电极尺寸为19.41 mm，因此最终选择初始加工条件为C130。

（2）孔形型腔加工的最终表面粗糙度为$Ra2.0$ μm，由表3 – 2选择最终加工条件C125。因此，工件最终的加工条件为C130 – C129 – C128 – C127 – C126 – C125。

（3）平动半径的确定。平动半径为电极尺寸收缩量的一半，即（型腔尺寸 – 电极尺寸）/2 = (20 – 19.41)/2 = 0.295（mm）。

（4）每个条件的底面余量的计算方法。最后一个加工条件按该条件的单边火花放电间隙值 δ_0 留底面加工余量。除最后一个加工条件外，其他底面余量按该加工条件的安全间隙值的一半（即 $M/2$）留底面加工余量，具体见表 3 – 3。

表 3 – 3　加工条件与底面余量对应表

项目 ＼ 加工条件	C130	C129	C128	C127	C126	C125
底面留量/mm	0.23	0.19	0.14	0.11	0.07	0.027 5
电极在 Z 方向的位置	– 10 + 0.23	– 10 + 0.19	– 10 + 0.14	– 10 + 0.11	– 10 + 0.07	– 10 + 0.027 5
放电间隙/mm	0.24	0.22	0.165	0.11	0.06	0.055
该条件加工完后的孔深/mm	– 10 + 0.23 – 0.24/2 = – 9.89	– 10 + 0.19 – 0.22/2 = – 9.92	– 10 + 0.14 – 0.165/2 = – 9.943	– 10 + 0.11 – 0.11/2 = – 9.945	– 10 + 0.07 – 0.06/2 = – 9.96	– 10 + 0.027 5 – 0.055/2 = – 10
Z 方向加工量	9.89	0.03	0.023	0.002	0.015	0.04
备注	粗加工	粗加工	粗加工	粗加工	粗加工	精加工

二、ISO 代码程序

```
停止位置 =1.000 mm
加工轴向 = Z –
材料组合 = 铜 – 钢
工艺选择 = 标准值
加工深度 =10.000 mm
尺寸差 =0.590 mm
粗糙度 =2.000 mm
方式 = 打开
型腔数 =0
投影面积 =3.14 cm²
自由圆形平动
平动半径:0.295 mm
T84;                              //液泵打开
G90;                             //绝对坐标系
G30 Z +;                         //设定抬刀方向
H970 =10.0000;(machine depth)    //加工深度值,便于编程计算
H980 =1.0000;(up – stop position) //机床加工后停止高度
```

```
G00 Z0 +H980;              //机床由安全高度快速下降定位到 Z =1 mm 的位置
M98 P0130;                 //调用子程序 N0130
M98 P0129;                 //调用子程序 N0129
M98 P0128;                 //调用子程序 N0128
M98 P0127;                 //调用子程序 N0127
M98 P0126;                 //调用子程序 N0126
M98 P0125;                 //调用子程序 N0125
T85 M02;                   //关闭油泵,程序结束
N0130;
G00 Z +0.5;                //快速定位到工件表面 0.5 mm 的地方
C130 OBT001 STEP0065;      //采用 C130 条件加工,平动量为 65 μm
G01 Z +0.230 -H970;        //加工到深度为 -10 +0.23 = -9.77(mm) 的位置
M05 G00 Z0 +H980;          //忽略接触感知,电极快速抬刀到工件表面 1 mm 的位置
M99;                       //子程序结束,返回主程序
;
N0129;
G00 Z +0.5;                //快速定位到工件表面 0.5 mm 的地方
C129 OBT001 STEP0143;      //采用 C129 条件加工,平动量为 143 μm
G01 Z +0.190 -H970;        //加工到深度为 -10 +0.19 = -9.81(mm) 的位置
M05 G00 Z0 +H980;          //忽略接触感知,电极快速抬刀到工件表面 1 mm 的位置
M99;
;
N0128;
G00 Z +0.5;
C128 OBT001 STEP0183;      //采用 C128 条件加工,平动量为 183 μm
G01 Z +0.140 -H970;        //加工到深度为 -10 +0.14 = -9.86(mm) 的位置
M05 G00 Z0 +H980;
M99;
;
N0127;
G00 Z +0.5;
C128 OBT001 STEP0207;      //采用 C127 条件加工,平动量为 207 μm
G01 Z +0.110 -H970;        //加工到深度为 -10 +0.11 = -9.89(mm) 的位置
M05 G00 Z0 +H980;
M99;
;
```

```
N0126;
G00 Z +0.5;
C126 OBT001 STEP0239;        //采用 C126 条件加工,平动量为 239 μm
G01 Z +0.070 -H970;          //加工到深度为 -10 +0.07 = -9.93(mm)的位置
M05 G00 Z0 +H980;
M99;
 ;
N0125;
G00 Z +0.5;
C126 OBT001 STEP0268;        //采用 C125 条件加工,平动量为 268 μm
G01 Z +0.027 -H970;          //加工到深度为 -10 +0.027 = -9.973(mm)的位置
M05 G00 Z0 +H980;
M99;
```

三、加工

启动机床进行加工。

仔细分析表 3-3,可以得出以下结论:

(1) 第一个加工条件几乎去除整个加工量的 99%。

(2) 与中间其他加工条件 C129、C128、C127、C126 相比,最后一个加工条件 C125 的加工余量(深度方向为 0.04 mm)很大,同时因为 C125 为精加工条件,加工效率最低,因此,最后一个加工条件加工的时间较长。

(3) 在实际加工中第一个加工条件与最后一个加工条件所花费的时间长。之所以第一个加工条件加工时间长,是因为需要用该条件去除几乎 99% 的加工量,而最后一个加工条件花费时间长则是因为加工余量相对加大且加工效率低。

根据上面的分析可知,若在粗加工阶段没有加工到位,则精加工(最后一个加工条件)所花费的时间就更长,因此在实际加工中应尽可能保证每个加工条件加工深度到位,同时根据实际经验减少最后一个条件加工量。为了保证每个加工条件的加工深度到位,必须及时在线检测加工深度。如,在第一个条件加工完后,测量孔深是否为 9.89 mm,若没有达到,则应再用该条件加工到 9.89 mm。在测量时,为了保证精度,通常采用千分表在线测量。测量时首先将千分表座固定在机床主轴上,然后下降 Z 轴,使千分表探针充分接触到工件上表面,并转动千分表刻度盘,使千分表指针指向零刻度(其目的是便于记忆),如图 3-31(a)所示,记下机床 Z 轴坐标。然后将千分表抬起,移动机床工作台到加工的型腔中心,再次下降 Z 轴,使千分表探针逐步接触型腔表面,并使指示针指向零刻度,如图 3-31(b)所示,记下此时机床的 Z 轴坐标。两次 Z 轴坐标的差值即为型腔的深度。

（a）　　　　　　　　　（b）

图 3 - 31　工件深度的在线测量

（a）千分表指向工件表面；（b）千分表指向型孔表面

 任务拓展

影响电火花加工精度的主要因素

电火花加工精度包括尺寸精度和仿形精度（或形状精度）。影响精度的因素有很多，这里重点探讨与电火花加工工艺有关的因素。

1. 放电间隙的大小及一致性

在电火花加工中，工具电极与工件间存在着放电间隙，因此工件的尺寸、形状与工具并不一致。如果加工过程中放电间隙是常数，根据工件加工表面的尺寸、形状可以预先对工具尺寸、形状进行修正，但放电间隙是随电参数、电极材料、工作液的绝缘性能等因素变化而变化的，从而影响了加工精度。

间隙大小对形状精度也有影响，间隙越大，则复制精度越差，特别是对复杂形状的加工表面。如电极为尖角，由于放电间隙的等距离，工件则为圆角。因此，为了减少加工尺寸误差，应该采用较弱小的加工规准，缩小放电间隙，另外还必须尽可能使加工过程稳定。放电间隙在精加工时一般为 0.01 mm（单面），而在粗加工时可达 0.5 mm 以上（单面）。

2. 工具电极的损耗

工具电极的损耗对尺寸精度和形状精度都有影响。电火花穿孔加工时，电极可以贯穿型孔而补偿电极的损耗，型腔加工时则无法采用这一方法，精密型腔加工时一般可采用更换电极的方法来保障加工精度。

3. 二次放电

二次放电是指在已加工表面上由于电蚀产物等的介入而再次进行的非正常放电，集中反映在加工深度方向产生斜度和加工棱角棱边变钝等方面。

在加工过程中，由于工具电极下端加工时间长、绝对损耗大，而电极入口处的放电间隙则由于电蚀产物的存在及"二次放电"的概率大而扩大，因而产生了如图 3 - 32 所示的加工斜度。

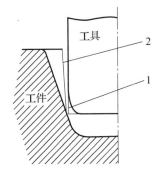

图 3 – 32 电火花加工时的加工斜度

1—电极无损耗时的工具轮廓线；2—电极有损耗而不考虑二次放电的工件轮廓线

4. 边角损耗

电火花加工时，工具的尖角或凹角很难精确地复制在工件上，这是因为当工具为凹角时，工件上对应的尖角处放电蚀除的概率大，容易遭受电蚀而成为圆角，如图 3 – 33（a）所示。当工具为尖角时，一是由于放电间隙的等距性，工件上只能加工出以尖角顶点为圆心、放电间隙为半径的圆弧；二是工具上的尖角本身因尖端放电蚀除的概率大而损耗成圆角，如图 3 – 33（b）所示。采用高频窄脉宽精加工，放电间隙小，圆角半径可以明显减小，因而提高了仿形精度，可以获得圆角半径小于 0.01 mm 的尖棱，这对于加工精密小模数齿轮等冲模是很重要的。

目前，电火花加工的精度可达 0.01 ~ 0.05 mm，在精密光整加工时可小于 0.005 mm。

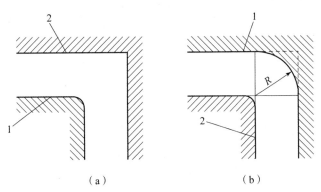

（a）　　　　　　　　（b）

图 3 – 33 电火花加工时尖角变圆

1—工件；2—工具

模块二

电火花线切割加工

项目四　线切割加工五角星图案

项目简介

　　日常生活中有很多形状复杂的装饰品图案，如心形、奔马、动物图案等（见图4-1），这些图案的特点是：边缘轮廓表面粗糙度较好，零件厚度薄，图案较复杂，尺寸精度一般。如何在一块金属板上加工出如此精美漂亮的图案呢？通常，用电火花线切割机床切割是加工该类图案的最佳方法之一。本项目以一个简单的五角星形图案（见图4-2）加工为例，介绍线切割加工的基本过程及基本原理。

图4-1　工艺美术图案

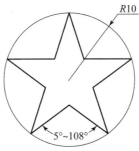

图4-2　五角星图案

项目分解

　　任务一　认识电火花线切割加工
　　任务二　线切割机床基本操作

项目目标

知识目标

1. 掌握电火花线切割加工的原理及特点

2. 了解电火花线切割加工的应用范围

3. 掌握电火花线切割机床的分类、型号及结构

4. 掌握工件的装夹和找正方法

能力目标

1. 能熟练操作电火花线切割机床操作面板

2. 能熟练启动、关闭机床

3. 能初步进行工件装夹和找正

素质目标

1. 培养安全规范的生产意识

2. 培养严谨认真的工作作风

任务一　认识电火花线切割加工

 任务导入

电火花线切割加工（Wire Cut EDM，WEDM）是在电火花加工的基础上发展起来的一种新兴工艺形式，最早起源于20世纪50年代末的苏联。它采用线状电极（通常为钼丝或黄铜丝），利用火花放电对工件进行切割，故称为电火花线切割。目前，电火花线切割技术已获得广泛的应用，国内外的线切割机床已占电加工机床的70%以上。下面让我们来认识一下电火花线切割加工吧。

 任务目标

知识目标

1. 掌握电火花线切割加工的原理和特点

2. 了解电火花线切割加工的应用范围

3. 掌握电火花线切割加工的常用术语

能力目标

能够初步编制电火花线切割加工工艺

素质目标

培养分析和解决问题的能力

知识链接

一、电火花线切割加工的原理

电火花线切割加工的基本原理是利用移动的金属线（黄铜丝或钼丝）作为电极（负极）、工作台作为正极，在线电极和工件之间施加高频的脉冲电压，并置于乳化液或者去离子水等工作液中，使其不断产生火花放电，工件不断被电蚀，从而达到对工件进行加工的目的。它具有"以不变应万变"切割成形的特点，可切割各种二维、三维和多维表面。

电火花线切割加工与电火花成形加工一样，都是基于电极间脉冲放电时的电蚀现象。不同的是，电火花成形加工必须事先将工具电极做成需要的形状和尺寸精度，在加工过程中将它逐步复制在工件上，以获得所需要的零件。电火花线切割加工则是用一根细长的金属丝作电极，并以一定的速度沿电极丝轴线方向移动，不断进入和离开切缝内的放电加工区。加工时，脉冲电源在电极丝和工件两极之间施加脉冲电压；脉冲电源的正极接工件、负极接电极丝；电极丝与工件之间保持一定的放电间隙，并在电极丝和工件切缝之间喷注液体介质；同时，控制装置根据预定的切割轨迹（加工的形状和尺寸）控制伺服电动机驱动安装工件的工作台运动，从而加工出所需要的零件。

下面以往复走丝机床为例，说明电火花线切割加工的原理。图4-3所示为往复高速走丝电火花线切割工艺及机床示意图。利用钼丝4作为工具电极进行切割，储丝筒7使钼丝做正反向交替移动，加工能源由脉冲电源3供给。在电极丝和工件之间浇注工作液，工作台在水平面两个坐标方向各自按规定的控制程序，根据火花间隙的状态做伺服进给运动，从而合成各种曲线轨迹，把工件切割成形。

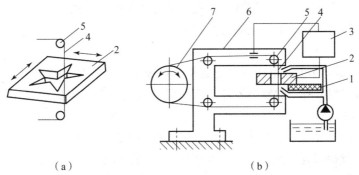

（a）　　　　　　　　　　　（b）

图4-3　电火花线切割加工原理示意图

1—绝缘底板；2—工件；3—脉冲电源；4—钼丝；5—导向轮；6—支架；7—储丝筒

二、电火花线切割加工必须具备的基本条件

（1）电极丝与工件之间必须保持一定的放电间隙，在该间隙范围内，既可以满足脉冲电压不断击穿介质，产生火花放电，又可以适应在火花通道熄灭后介质消除电离以及排出电蚀产物的要求。如果间隙过大，极间电压不能击穿极间介质，则不能产生火花放电；如果间隙过小，则容易形成短路连接，也不能产生火花放电。

（2）必须在有一定绝缘性能的液体介质中进行加工，如皂化油、去离子水等。工作液的作用有三个：一是利于产生脉冲性的火花放电；二是方便排除间隙内电蚀产物；三是冷却电极。

（3）放电必须是短时间的脉冲放电。由于放电时间短，故放电时产生的热能来不及向加工材料内部扩散，从而把能量作用局限在很小范围内，保持火花放电的冷极特性。

（4）必须使两个电脉冲之间有足够的间隔时间，使放电间隙中的介质消电离，也就是使放电通道中的带电粒子复合为中性粒子，恢复本次放电通道处介质的绝缘强度，以免总在同一处发生放电而导致电弧放电。电弧放电呈紫色；火花放电红中带白，颜色越白，表示能量越大。在实际加工过程中，如果遇到紫光，应赶快按"暂停"键，查看加工状态，分析产生电弧的原因（主要是因为排屑不好，有小的落料或需要切断的部分在未断之前产生位移造成非正常放电而产生电弧），采取相应措施，待恢复正常加工状态后再继续加工。

三、电火花线切割加工的特点

电火花线切割加工是利用脉冲放电时的电火花腐蚀现象来进行尺寸加工的，所用的工具电极是一根简单的细长金属丝，所以有以下特点：

（1）加工与工件材料的力学性能无关。由于电火花线切割加工是利用脉冲放电时的电火花腐蚀现象进行加工的，加工过程不存在机械切削力的作用，加上脉冲放电时的能量密度很高，可以使任何材料瞬时熔化和气化，故可以加工任何硬、脆、韧及高熔点金属材料，能加工传统方法难以加工或无法加工的高硬度、高强度、高脆性、高韧性等导电材料及半导体材料。

（2）加工过程工具电极与工件不直接接触。电火花线切割加工过程中的工具电极丝始终与工件保持一定的间隙而不直接接触，二者之间不存在明显的相互作用力，电极丝很细长，因此适宜加工低刚度工件、细微异形孔、窄缝和各种复杂的零件。此外，工件被加工表面受热影响小，故也适合于加工热敏感性材料。

（3）不需要制作复杂的成形工具电极。电火花线切割加工是用一根细长（$\phi 0.03 \sim \phi 0.35$ mm）的金属丝作工具电极，通过数控系统驱动工作台使工件相对工具电极丝按预定轨迹运动，从而切割出所需的复杂零件，不必像电火花成形加工那样制作精密的成形电极，省去了成形工具电极的设计和制造费用，缩短了生产准备时间和加工周期，这不仅对新产品的试制很有意义，同时提高了大批量生产的快速性和柔性。

（4）电极丝丝径损耗对加工精度影响小。由于采用的电极丝很长，因此单位长度的电极丝损耗较少，电极丝丝径损耗对加工精度的影响较小。只要脉冲参数选择得当，电火花线切割 50 000 mm^2 后其电极丝直径变化都在 0.01 mm 以下，而且在加工过程中还可以进行丝径补偿进行随机调整。

（5）加工过程工件材料被蚀除量很少。电火花线切割加工仅仅是对工件材料按图形轮廓"切割"一条窄缝，实际金属蚀除量很少，且只对工件材料进行套料加工，加工后的材料还可以继续使用，有助于节省能量、提高加工效率，材料的利用率很高，这对贵金属加工具有重要的意义。

（6）自动化程度高、操作使用方便安全。电火花线切割加工是直接利用电能加工，方

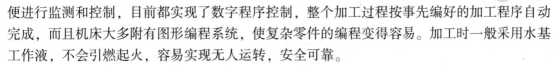

便进行监测和控制，目前都实现了数字程序控制，整个加工过程按事先编好的加工程序自动完成，而且机床大多附有图形编程系统，使复杂零件的编程变得容易。加工时一般采用水基工作液，不会引燃起火，容易实现无人运转，安全可靠。

（7）能获得较好的工艺效果。电火花线切割发展到现在质量都比较稳定，工艺也日趋成熟，一般均能获得较好的工艺效果。电火花线切割加工的切割速度 v 与其加工表面粗糙度 Ra 是相互影响的，Ra 越小，则 v 越大，操作者应根据生产需要合理选定。

数控电火花线切割加工的缺点如下：

（1）使用电极丝进行贯通加工，不能加工盲孔类零件和具有阶梯表面的零件。

（2）使用一根很细的电极丝电蚀金属，能量有限，生产效率相对较低。

四、电火花线切割加工的应用范围

电火花线切割加工为新产品试制、精密零件加工及模具制造开辟了一条新的工艺途径，已经广泛应用于电子仪器、精密机床等领域，涉及轻工业、军事工业等多种行业。它主要应用于以下几个方面。

1. 加工模具

加工模具适用于加工各种形状的冲模。通过调整不同的间隙补偿量，只需一次编程就可以切割凸模、凸模固定板、凹模及卸料板等。模具配合间隙、加工精度通常能达到0.01~0.02 mm（往复高速走丝线切割机床）和0.002~0.005 mm（单向低速走丝线切割机床）的要求。此外，还可以加工挤压模、粉末冶金模、弯曲模、塑压模以及带锥度的模具。

2. 切割电火花穿孔成形加工用的电极

一般穿孔加工用的电极和带锥度型腔加工用的电极，以及钨铜、银钨合金之类的电极材料，用电火花线切割加工特别经济，同时也适用于加工微细、形状复杂的电极。

3. 加工零件

在试制新产品时，用线切割的方法在坯料上直接切割出零件，如试制切割特殊微型电动机硅钢片定、转子铁芯，由于无须另行制造模具，故可大大缩短制造周期、降低成本；修改设计、变更加工程序比较方便，加工薄件时还可以多片叠在一起加工。在零件制造方面，可用于加工品种多、数量少的零件、特殊难加工材料的零件，材料试验样件以及各种型孔、型面、特殊齿轮、凸轮、样板和成形刀具。有些具有锥度切割功能的线切割机床，可以加工出上下异形面的零件。线切割还可以进行微细加工、异形槽和"标准缺陷"的加工等。

 任务实施

电火花线切割加工一般按图4-4所示步骤进行。

电火花线切割加工过程主要包括：线切割加工的准备工作、加工、检验。本任务要用线切割加工五角星，根据线切割加工原理和流程，可初步确定加工过程，见表4-1。

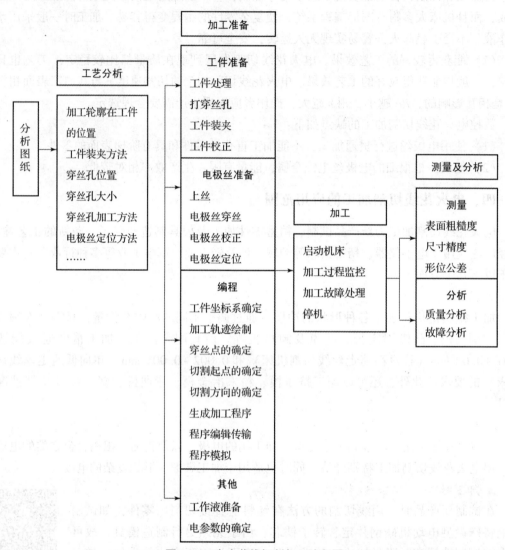

图4-4 电火花线切割加工流程图

表4-1 电火花加工五角星图案加工工艺

工序	工序名称	工序内容
工序1	工艺分析	加工轮廓位置、装夹方法、穿丝孔位置确定
工序2	工件准备	准备好毛坯并装夹定位
工序3	电极丝准备	穿丝、校正
工序4	程序编制	绘图、编程并生成数控加工程序
工序5	加工	加工、测量

任务拓展

一、电火花线切割加工技术发展历程

电火花成形不仅需要制作复杂的成形电极，而且材料浪费很大，还有电极损耗等诸多问题。为了实现用一根简单的金属丝作工具电极来切割出复杂的零件，苏联学者于 1955 年提出了电火花线切割机床设计方案，并于 1956 年制造出第一台电气靠模仿形电火花线切割机床，并于 1958 年在苏联国内公开展出。

为了改善电火花线切割的加工轨迹控制，捷克机械及自动化研究所于 1958 年研制出光电控制的电火花线切割机床；苏联于 1965 年又研制出数字程序控制电火花线切割机床；我国也在 1964 年开发高速走丝电火花线切割机床的基础上于 1969 年研制成数控高速走丝电火花线切割机床，并曾在国际上形成了富有中国特色的一类数控电火花线切割产品。

随着数控电火花线切割技术的产生和不断完善，电火花线切割技术的特点及优越性越来越明显，并迅速在各个工业制造部门得到推广应用，逐步成为制造部门一种必不可少的工艺手段。日本、瑞士等工业发达国家则抓住机遇，并借助电子技术的发展将电火花线切割技术推向一个迅速发展阶段。日本西部电机株式会社 1972 年在国际博览会上首次展出了 EW-20 数控电火花线切割机床；1977 年瑞士将电火花线切割电源全部换成晶体管电源；1980 年瑞士推出了电火花线切割机床附加高速切割装置，并改进了电源及供液方式；1982 年瑞士夏米尔公司研制出 F432DCNC 型精密高速电火花线切割机床，采用了自动穿丝装置及镀锌铜丝作为电极丝。

到 20 世纪 80 年代初，电火花线切割的工艺水平已发展到相当高的地步。日本此时的机床切割速度在 100 mm²/min 以上，是其 1974 年的三倍多；加工精度也从 1974 年的 ±0.02 mm 提高到 ±0.005 mm；全国年产量达到 2 000 台。瑞士的机床切割速度达 80 mm²/min，重复精度为 0.002 mm，最大切割厚度达 140~160 mm。我国的高速走丝电火花线切割机床因走丝速度快、排屑条件好，最大切割速度达到 266 mm²/min；北京控制工程研究所于 1983 年成功地切割出 500 mm 厚的钢件和 610 mm 厚的铜件。

20 世纪 80 年代后期至 90 年代是电火花线切割技术不断完善和稳步发展时期，日本为了提高加工精度，不仅采用了齿隙补偿和螺距补偿技术，而且用陶瓷材料制作机床工作台面和夹具。为了克服电解变质层的影响，日本和瑞士都先后开发了无电解电源，如日本三菱公司的 AE 电源、沙迪克公司的 BS 电源、FANUC 公司的 AC 电源以及瑞士夏米尔的 SI 电源等。为了改善加工表面质量，日本和瑞士制造商都开发应用了窄脉宽高峰值电流的镜面加工电源，日本沙迪克公司和三菱公司还采用了混粉镜面加工技术。为了满足现代工厂自动化生产需要，各制造厂商不仅开发了自动穿丝装置，而且还开发了防断丝装置以及智能化软件系统，伺服控制系统采用了模糊控制技术，伺服控制的增量也从 1 μm 上升到 0.1 μm，日本沙迪克公司还采用了直线电动机驱动，计算机控制技术也不断提高，从 16 位机已逐步上升到 64 位机。以上种种努力，都进一步提高了电火花线切割加工的稳定性及自动化程度，工艺水平也有突破性的进步。这个时期，电火花线切割的切割速度已提高到 325 mm²/min，最佳

表面粗糙度达 $Ra\ 0.1 \sim 0.2\ \mu m$，加工精度提高到 $\pm 0.003\ mm$；低速走丝电火花线切割机能切割 $350 \sim 400\ mm$ 的超厚工件，而中国则有 $2\ 000\ mm \times 1\ 200\ mm \times 500\ mm$ 和 $1\ 000\ mm \times 630\ mm \times 1\ 000\ mm$ 加工范围的超大型高速走丝电火花线切割机上市。

二、电火花线切割加工常用术语

（1）切割速度：在保持一定表面质量的切割过程中，单位时间内电极丝中心线在工件上扫过的面积的总和（mm^2/min）。

（2）快速走丝线切割（WEDM - HS）：电极丝高速往复运动的电火花线切割加工，一般走丝速度为 $8 \sim 10\ m/s$，电极丝可重复使用，加工速度较高，但快速走丝容易造成电极丝抖动和反向时的停顿，使加工质量下降。

（3）低速走丝线切割（WEDM - LS）：电极丝低速单向运动的电火花线切割加工，一般走丝速度低于 $0.2\ m/s$，电极丝放电后不再使用，工作平稳、均匀、抖动小、加工质量较好，但加工速度较低。

（4）线径补偿：又称间隙补偿或钼丝偏移。为获得所要求的加工轮廓尺寸，数控系统通过对电极丝运动轨迹轮廓进行扩大或缩小来进行偏移补偿。

（5）进给速度：加工过程中电极丝中心沿切割方向相对于工件的移动速度（mm/min）。

（6）多次切割：同一表面先后进行两次或两次以上的切割，以改善表面质量及加工精度的切割方法。

（7）锥度切割：钼丝以一定的倾斜角进行切割的方法。

任务二　线切割机床基本操作

 任务导入

要完成线切割加工五角星图案，必须用电火花线切割机床，线切割机床由哪些部分组成？它与电火花加工机床有何不同？应该如何进行操作？

 任务目标

知识目标

1. 了解线切割机床的分类、型号和结构组成

2. 掌握工件的装夹和找正方法

能力目标

1. 能够进行工件的装夹与校正

2. 能够熟练操作高速电火花线切割机床完成加工

素质目标

1. 培养安全规范操作机床的能力
2. 培养严谨认真的工作作风

 知识链接

一、电火花线切割机床的分类

电火花线切割机床的分类方法有多种，一般可以按照机床的走丝速度、工作液供给方式、电极丝位置等方式进行分类。

1. 按走丝速度分类

根据电极丝的走丝速度不同，电火花线切割机床分为高速走丝电火花线切割机床（WEDM-HS）和低速走丝电火花线切割机床（WEDM-LS）两类，如图4-5和图4-6所示，这也是电加工行业普遍采用的分类方法。

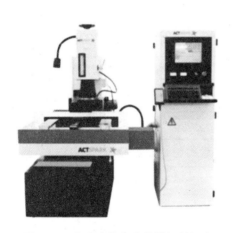 

图4-5　高速走丝电火花线切割机床　　　图4-6　低速走丝电火花线切割机床

所谓高速走丝（即快走丝）和低速走丝（即慢走丝）指的是电极丝运动的速度，并不是机床的加工速度，两种机床的加工速度基本一致，有时慢走丝机床的加工速度要高于快走丝机床的加工速度。高速走丝电火花线切割机床是我国研制成功并最先用于生产的，而且产量巨大，占世界电火花线切割机床总量的80%左右，但由于其加工精度低，故应用范围受到一定制约。

高速走丝电火花线切割机床的电极丝在加工中做高速往复运动，一般走丝速度为8～12 m/s，电极丝可重复使用。为了保证火花放电时电极丝不被烧断，电极丝必须做高速运动，目的是迅速脱离加工区域，以避免火花放电总在电极丝的局部位置而被烧断。但是，高速的走丝速度容易造成电极丝抖动和换向时停顿，而且由于电极丝是循环往复使用的，故在放电加工时直径逐渐变细，使得加工工件的尺寸精度低、表面质量差。

低速走丝电火花线切割机床的电极丝在加工中做低速单向运动，一般走丝速度低于0.2 m/s，电极丝放电后就不再使用，电极丝的直径不会发生变化，工作平稳、均匀、抖动小，加工尺寸精度高，表面质量好，是国外生产和使用的主要机种。随着我国制造水平的快速提升与发展，我国也在生产低速走丝电火花线切割机床，它们主要用来加工高精度的模具和零件。

两种机床的主要区别，从结构上看二者走丝系统不同，慢走丝电火花线切割机床的电极丝是单向移动的，其一端是放丝轮、一端是收丝轮，加工区的电极丝由高精度的导向器定位；快走丝电火花线切割机床的电极丝是往复移动的，电极丝的两端都固定在储丝筒上，因走丝速度高，故加工区的电极丝是由导丝轮定位的。从功能上看，慢走丝电火花线切割机床的功能完善、先进、可靠，例如，控制系统是闭环控制、电极丝的恒张力控制、拐角控制、自动穿丝等高精度加工常用功能，而大多数快走丝电火花线切割机床目前还不具备。两种机床的工艺指标见表4-2。

表4-2 快走丝电火花线切割机床和慢走丝电火花线切割机床的工艺指标

机型 工艺指标	快走丝	慢走丝
走丝速度/$(m \cdot s^{-1})$	≥2.5，常用值6~10	<2.5，常用值0.26~0.001
电极丝工作状态	往复运动，反复使用	单向运行，一次性使用
电极丝材料	钼、钨钼合金	黄铜、以铜为主的合金或镀覆材料
电极丝直径	常用值ϕ0.12~ϕ0.20 mm	常用值ϕ0.1~ϕ0.25 mm
穿丝方式	只能手动穿丝	可手动穿丝，也可自动穿丝
电极丝长度	数百米	数千米
电极丝张力	上丝后即固定不变	可调节，通常为2.0~25 N
运丝系统结构	较简单	复杂
电极丝损耗	均布于参与工作的电极丝全长	忽略不计
脉冲电源	开路电压80~110 V，工作电流1~5 A	开路电压300 V，工作电流1~32 A
单边放电间隙/mm	0.01~0.03	0.003~0.12
工作液	线切割乳化液或水基工作液	去离子水、煤油
导丝机构形式	普通导丝轮，寿命较短	蓝宝石或钻石导向器，寿命较长
机床价格/万元	2~20	25~150
最大切割速度/$(mm^2 \cdot min^{-1})$	180左右	400左右
加工精度/mm	0.01	0.001~0.005
表面粗糙度Ra/μm	0.8~3.2	0.1~0.4
工作环境	较脏，有污染	干净，使用去离子水作工作液，无害

近年来有一种新的机床出现——中速走丝电火花线切割机床（Medium - speed Wire cut Electrical Discharge Machining，MS - WEDM），本质上仍然属于高速走丝（或快走丝）线切割机床，其走丝速度及加工质量介于高速走丝电火花线切割机床和低速走丝电火花线切割机床之间，因此被广大用户简称为"中走丝线切割机床"，准确地说它应该称为多次切割的高速走丝电火花线切割机床。它的走丝速度接近于高速走丝电火花线切割机床，而加工的质量趋于低速走丝电火花线切割机床。通常其走丝速度范围是 1.0～12 m/s，可以根据需要进行调节，并进行多次切割，是一种复合走丝的电火花线切割机床，其走丝原理是在粗加工时采用高速（8～12 m/s）走丝，精加工时采用低速（1～3 m/s）走丝，最后使用小电流、慢转速工艺，这样工作相对平稳、抖动小，并通过多次切割减少材料变形及钼丝损耗带来的误差，极大地改善了工件的加工质量。中走丝线切割机床的结构仍然和传统的高速走丝（快走丝）线切割机床类似，电极丝在工作中往复运动，机床的价格和使用成本与高速走丝（快走丝）线切割机床几乎相等，远远低于慢走丝线切割机床，因此日益受到大家的重视。

2. 按工作液的供给方式分类

按工作液供给方式，电火花线切割机床可分为冲液式机床和浸液式机床两种。

冲液式电火花线切割机床采用冲液（上、下两股射流）沿电极丝输送工作液，高速走丝电火花线切割机床都是采用冲液方式，我国生产的大部分低速走丝电火花线切割机床也是采用冲液方式。

浸液式电火花线切割机床的放电加工是在工作液中进行的，先进的低速走丝电火花线切割机床多属于浸液式。在浸液状态下，工件在工作区域恒定的温度下加工可获得更高的加工精度，并有良好的工件防锈效果。

3. 按加工轨迹的控制方法分类

电火花线切割机床按其轨迹控制方法不同可分为靠模仿形电火花线切割机床、光电跟踪电火花线切割机床及数控电火花线切割机床三大类。

1）靠模仿形电火花线切割机床

靠模仿形控制是最初采用的控制方法，它是将一块薄铜片做成与被加工零件形状尺寸完全一致的靠模板，加工时黏附在工件表面，中间衬垫一块绝缘薄板。电极丝与靠模板之间加上数伏的直流电压，一旦电极丝在切割过程中与靠模板接触（或脱离），控制系统立即获得信号，使电极丝离开（或接近）靠模板。电极丝就是这样在控制系统作用下，沿着这块靠模板边缘"时而接触时而离开"地实现仿形加工的。这种控制系统结构简单，制造维修方便，加工精度可达 ±0.01 mm。但由于转弯拐角点的自动切换尚未很好解决，加上高精度的复杂靠模板不易制作，所以局限性很大，目前极少采用。

2）光电跟踪电火花线切割机床

光电跟踪控制原理是利用光电头把放大了的图纸信号（一般放大为工件的 5 倍、10 倍、50 倍）转换成电信号，使加工轨迹按图纸所画的图形轨迹运动。这种控制方法不受工件形状复杂程度的限制，工作可靠，适合于加工尺寸小且难以进行 CNC 编程的形状复杂模具零件。

3）数控电火花线切割机床

数控电火花线切割机床控制系统是由一台专用计算机构成的，它根据使用者预先编制好的加工程序来自动控制电火花线切割的加工过程，可以切割 X、Y 平面上由直线和圆弧组成的图形，在一定精度要求下可用若干段直线或圆弧来近似加工非圆曲线或列表点曲线。

随着计算机技术的飞速发展，数控方式的优越性越来越突出，它不仅可以方便地编制各种复杂的加工程序，实现丝径的偏移补偿和加工图形的缩放，而且还可以通过齿隙补偿和螺距补偿获得很高的加工精度。此外，数控系统的控制功能还为实现四轴联动加工和智能化加工创造了条件，有助于电火花线切割加工过程中自动化程度的进一步提高。目前，数控电火花线切割机床已基本取代了另外两种类型，独霸电火花线切割的市场。

4. 按电极丝的位置分类

电火花线切割机床按电极丝位置可分为立式和卧式两种。立式电火花线切割机床的电极丝是垂直方向进行加工的，卧式电火花线切割加工机床的电极丝是水平方向进行加工的。

5. 按控制轴的数量分类

（1）X、Y 两轴控制，该机床只能切割垂直的二维工件。

（2）X、Y、U、V 四轴控制，该机床能切割带锥度的工件。

6. 按步进电动机到工作台丝杠的驱动方式分类

（1）经减速齿轮驱动丝杠。减速齿轮的传动误差会降低工作台的移动精度，从而使脉冲当量的准确度降低。

（2）由步进电动机直接驱动丝杠。采用"五相十拍"的步进电动机直接驱动丝杠，可避免因采用减速齿轮所带来的传动误差，提高脉冲当量的精度，而且进给平稳、噪声低。

7. 按丝架结构形式分类

（1）固定丝架。切割工件的厚度一般不大，而且最大切割厚度不能调整。

（2）可调丝架。切割工件的厚度可以在最大允许范围内进行调整。

8. 按脉冲电源形式分类

按脉冲电源形式，电火花线切割机床有 RC 电源机床、晶体管电源机床、分组脉冲电源机床及自适应控制电源机床等，RC 电源机床现已基本不用。

9. 按加工特点分类

按加工特点，电火花线切割机床有大、中、小型机床，以及普通直壁切割型机床与锥度切割型机床等。

二、电火花线切割机床的型号

目前使用的电火花线切割机床分国内企业生产的机床和境外企业生产的机床。境外生产电火花线切割机床的企业主要分布于日本和瑞士两国，主要有瑞士阿奇夏米尔公司、日本沙迪克公司、日本三菱机电公司、日本牧野公司等。境外机床的编号一般以系列代码加基本参数代号来编制，如日本沙迪克的 A 系列、AQ 系列、AP 系列。国内生产电火花线切割机床的企业主要有苏州三光科技公司、苏州新火花机床有限公司和汉川机床集团公司等。

我国电火花线切割机床型号是根据《特种加工机床型号编制方法》（JB/T 7445.2—1998）的规定编制的，机床型号由汉语拼音字母和阿拉伯数字组成，表示机床的类别、特性和基本参数。如 DK7740 数控电火花线切割机床型号中各字母与数字的含义如下：

D——机床类别代号（电加工机床）；

K——机床特性代号（数控）；

7——组别代号（电火花加工机床）；

7——型别代号（7 为高速走丝线切割机床、6 为低速走丝线切割机床）；

40——主参数代号（工作台横向行程 400 mm）。

三、电火花线切割机床结构

电火花线切割加工设备主要由机床本体、脉冲电源、控制系统、工作液循环系统和机床附件等几部分组成。图 4 - 7 与图 4 - 8 所示分别为往复高速和单向低速走丝线切割加工设备组成。本任务以高速走丝线切割加工为主进行讲述。

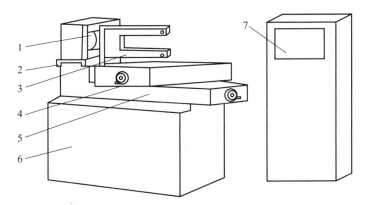

图 4 - 7　高速走丝线切割加工设备组成

1—储丝筒；2—走丝溜板；3—丝架；4—上溜板；5—下溜板；6—床身；7—电源、控制柜

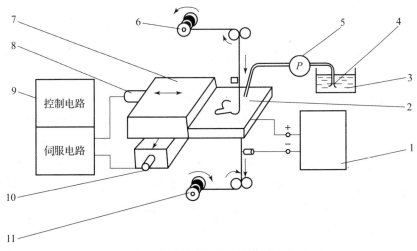

图 4 - 8　低速走丝线切割加工设备组成

1—储丝筒；2—走丝溜板；3—丝架；4—上溜板；5—下溜板；6—床身；7—电源、控制柜；
8—X 轴电动机；9—数控装置；10—Y 轴电动机；11—收丝卷筒

1. 机床本体

机床本体由床身、坐标工作台、走丝机构、锥度切割装置、丝架、工作液箱和附件等几部分组成。

1）床身

床身一般为铸件，是坐标工作台、绕丝机构及丝架的支撑和固定基础，通常采用箱式结构，应有足够的强度和刚度。床身内部设置电源和工作液箱。考虑到电源发热和工作液泵的振动，有些机床将电源和工作液箱移出床身，另行安放。

床身结构一般有三种，如图4-9所示。

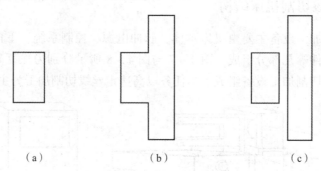

（a）　　　　　　（b）　　　　　　（c）

图4-9　床身结构示意图

（a）矩形结构；（b）T形结构；（c）分体式结构

（1）矩形结构，如图4-9（a）所示。一般中小型电火花线切割机床采用此种结构，其坐标工作台采用串联式，X、Y工作台上下叠在一起，工作台可以伸出床身。其特点是结构简单、体积小、承重轻、精度高。

（2）T形结构，如图4-9（b）所示。一般中型电火花线切割机床采用这种结构，其坐标工作台采用串联式，长轴在下、短轴在上，但工作台不能伸出床身。其特点是机床更稳定可靠，承重较大，床身四周由钣金全包，外形美观，整体效果突出，又可防止工作介质外溅，可使机床更好地保证清洁，延长使用寿命，目前被广泛采用。

（3）分体式结构，如图4-9（c）所示。一般大型电火花线切割机床采用此种结构，其坐标工作台采用并联式，分别安装在两个互相垂直的床身上，承重大，且由于结构是分体式，所以制造简单、精度高，安装和运输都比较方便。

2）坐标工作台

电火花线切割机床最终都是通过坐标工作台与电极丝的相对运动来完成零件加工的，通常坐标工作台完成X、Y方向的运动。为保证机床精度，对轨道的精度、刚度和耐磨性有较高的要求，一般都采用十字滑板、滚动导轨和丝杠传动副将电动机的旋转运动转变为工作台的直线运动，通过两个坐标方向各自的进给移动，可合成获得各种平面图形的曲线轨迹。为了保证工作台的定位精度和灵敏度，传动丝杠和螺母之间必须消除间隙。

3）走丝机构

走丝机构通常是由电极丝以一定的速度运动并保持一定的张力。在双向高速走丝电火花线切割机床上，一定长度的电极丝平整地卷绕在储丝筒上，丝的张力与排绕时的拉紧力有关，为提高加工精度，近来已研制出恒张力装置。储丝筒通过联轴器与驱动电动机相连，为了重复使用该段电极丝，电动机由专门的换向装置控制做正反向交替运转；走丝速度等于储丝筒周边的线速度，通常为8~10 m/s。在运动过程中，电极丝由丝架支撑，并依靠导轮保持电极丝与工作台垂直或倾斜一定的几何角度（锥度切割时）。

单向低速走丝系统如图 4 – 10 所示。在图 4 – 10 中，未使用的金属丝筒 2（绕有 1~3 kg 金属丝）靠废丝卷丝轮 1 使金属丝以较低的速度（通常为 0.2 m/s 以下）移动。为了提供一定的张力（2~25 N），在走丝路径中装有机械式或电磁式张力机构 4 和 5。为了使断丝时能自动停车并报警，走丝系统中通常还装有断丝检测微动开关。用过的电极丝需集中到储丝筒上或送到专门的收集器中。

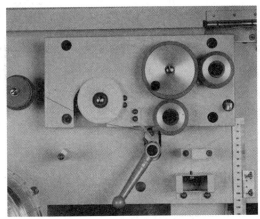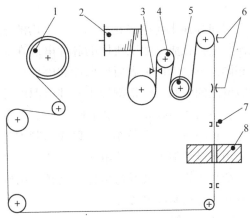

图 4 – 10　单向低速走丝系统实物图和示意图

1—废丝卷丝轮；2—未使用的金属丝筒；3—拉丝模；4—张力电动机；
5—电极丝张力调节轴；6—退火装置；7—导向器；8—工件

为了减轻电极丝的振动，应使其跨度尽可能小（按工件厚度调整），通常在工件的上下采用蓝宝石 V 形导向器或圆孔金刚石模块导向器，其附近装有引电部分，工作液一般通过引电区和导向器后再进入加工区，这样可保证全部电极丝的通电部分都能冷却。慢走丝线电火花线切割机床通常装有靠高压水射流冲刷引导的自动穿丝机构，能使电极丝经过一个导向器穿过工件上的穿丝孔，被传送到另一个导向器，必要时也能自动切断并再穿丝，为无人连续切割创造了条件。

4）锥度切割装置

为了切割有落料角的冲模和某些有锥度（斜度）的内外表面，大部分线切割机床具有锥度切割功能，其中单向低速走丝四轴联动锥度切割装置如图 4 – 11 所示。实现锥度切割的方法有很多种，各生产厂家生产有不同的结构，主要组成如下：

（1）导轮偏移式丝架。这种丝架主要用在高速走丝线切割机床上，实现锥度切割。用此法时锥度不宜过大，否则钼丝易拉断、导轮易磨损，且工件上有一定的加工圆角（塌角）。

（2）导轮摆动式丝架。用此法时加工锥度不影响导轮磨损，最大切割锥度通常可达 5°以上。

（3）双坐标联动装置。在电极丝由恒张力装置控制的双向高速走丝和单向低速走丝线切割机床上广泛采用此类装置，它主要依靠上导向器做纵、横两轴（称 U、V 轴）驱动，与工作台的 X、Y 轴一起构成四轴控制。这种方式的自由度很大，依靠功能丰富的软件可以实现上、下异形截面的加工。其最大的倾斜角度 θ 一般为 ±5°，有的甚至可达 30°~50°（与工件厚度有关）。

在锥度加工时，能保持一定的导向间距（上、下导向器与电极丝接触点之间的直线距离），是获得高精度的主要因素。为此，有的机床具有 Z 轴设置功能，并且一般采用圆孔式的无方向性导向器。

2. 电火花线切割加工用的脉冲电源

双向高速走丝电火花线切割加工用的脉冲电源与电火花成形加工所用的脉冲电源在原理上相同，不过受加工表面粗糙度和电极丝允许承载电流的限制，线切割加工脉冲电源的脉冲宽度较窄（2~60 μs），单个脉冲能量、平均电流（1~5 A）一般较小，所以线切割加工总是采用正极性加工。脉冲电源的形式和品种很多，如晶体管矩形波脉冲电源、高频分组脉冲电源和节能型脉冲电源等。

1）晶体管矩形波脉冲电源

晶体管矩形波脉冲电源的工作原理与电火花成形加工所用的脉冲电源相同，如图 4-12 所示，控制功率管 VT 的基极以形成高压脉冲宽度 t_i、电流脉冲宽度 t_e 和脉冲间隔 t_0，限流电阻 R_1、R_2 决定峰值电流 i_e 的大小。

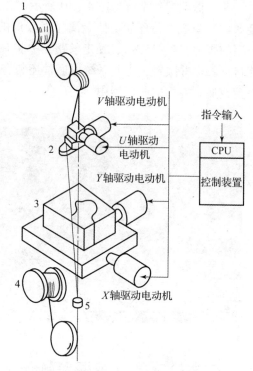

图 4-11　单向低速走丝四轴联动锥度切割装置
1—新丝卷筒；2—上导向器；3—电极丝；
4—废丝卷筒；5—下导向器

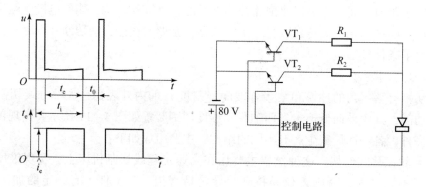

图 4-12　晶体管矩形波脉冲电压、电流波形及其脉冲电源

2）高频分组脉冲电源

高频分组脉冲电压波形如图 4-13 所示，它是矩形波派生的一种波形，即把较高频率的小脉冲宽度 t_i 和小脉冲间隔 t_0 的矩形波脉冲分组成大脉冲宽度 T_i 和大脉冲间隔 T_0 输出。

采用矩形波脉冲电源时，提高切割速度和减小表面粗糙度值这两方面是互相矛盾的，高频分组脉冲波形在一定程度上能解决这两者的矛盾，在相同的工艺条件下可获得较好的加工效果，因而得到广泛的应用。

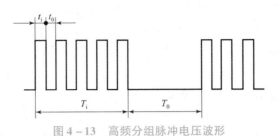

图 4 – 13　高频分组脉冲电压波形

图 4 – 14 所示为高频分组脉冲电源的电路原理框图，图中的高频短脉冲发生器、分组脉冲发生器和与门电路生成高频分组脉冲波形，然后经脉冲放大和功率输出，把高频分组脉冲能量输送到放电间隙，一般取 $t_0 \geqslant t_i$，$T_i = (4 \sim 6)t_i$。

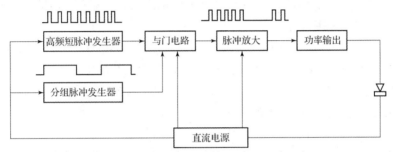

图 4 – 14　高频分组脉冲电源的电路原理框图

3）节能型脉冲电源

为了提高电能利用率，近年来采用电感元件 L 代替限流电阻，除了可避免发热损耗外，还能把电感元件 L 中存储、剩余的电能回输给电源。图 4 – 15 所示为这类节能型脉冲电源的主回路图和波形图。

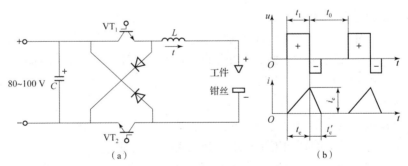

图 4 – 15　线切割节能型脉冲电源的主回路图和波形图
（a）主回路；（b）电压、电流波形图

在图 4 – 15（a）中，80 ~ 100 V（+）的电源和电流经过大功率开关元件 VT_1（常用 V – MOS 管或 IGBT），由电感元件 L 限制电流的突变，再流过工件和钼丝的放电间隙，最后经大功率开关元件 VT_2 流回电源（–）。由于用电感 L（扼流线圈）代替了限流电阻，故当主回路中流过如图 4 – 15（b）所示的矩形波电压脉冲宽度 t_i 时，其电流波形由零按斜线升至最大值（峰值）i_e。当 VT_1、VT_2 瞬时关断截止时，电感 L 中电流不能突然截止而是继续流动，通过放电间隙与两个二极管回输给电容器和直流电源并逐渐减小为零，从而把储存在电感 L 中的能量释放出来加以利用，进一步节约了能量，它比电火花加工节能脉冲电源更进了一步。

对照图 4-15（b）所示的电压和电流波形可见，VT_1、VT_2 导通时，电感 L 中为正向矩形波，放电间隙中流过的电流由小变大，上升沿为一条斜线，因此钼丝的损耗很小。当 VT_1、VT_2 截止时，由于电感是一储能惯性元件，故其上的电压由正变为负，流过的电流不能突变为零，而是按原方向流动逐渐减小为零，在这一小段续流时间内，电感把存储的电能经放电间隙和两个二极管回输给电源，电流波形为锯齿形，进一步加快了切割速度，提高了电能利用率，降低了钼丝损耗。

这类电源的节能效果可达 80% 以上，控制柜不发热，可少用或不用冷却风扇，钼丝损耗很低，切割 20 万 mm^2，钼丝直径损耗仅为 0.5 mm^2/min，表面粗糙度值 $Ra \leqslant 2.0$ μm。

4）单向低速走丝线切割加工的脉冲电源

单向低速走丝线切割加工有其特殊性：一是丝速较低，电蚀产物的排屑效果不佳；二是设备昂贵，必须有较高的生产率。为此常采用镀锌黄铜丝作为电极丝，当火花放电时，瞬时高温使低熔点的锌迅速熔化、气化，爆炸式地、尽可能多地把工件上熔融的金属液体抛入工作液中。因此要求脉冲电源有较大的瞬时峰值电流，一般都在 100~500 A，但电流脉冲宽度 t_e 极短（0.1~1 μs），否则电极丝将被烧断。

由此看来，单向低速走丝的脉冲电源必须能提供窄脉冲宽度、大瞬时峰值电流。根据节能要求，在功放主回路中往往既无限流电阻，又无限流电感（有的利用导线本身很小的潜布电感来适当阻止加工电流过快地增长），这类脉冲电源的基本原理是由一频率很高（脉冲宽度 0.1~1 μs，可调）的开关电路来触发、驱动功率级高频 1GBT 组件，使其迅速导通。因主回路中无电阻和电感，因此瞬时流过很大的峰值电流，当达到额定值时，主振级开关电路使功率级迅速截止，然后停歇一段时间，待放电间隙消电离恢复绝缘后，再由第二个脉冲触发功率级，如此重复循环。

此外，为了防止工件接（+）在水基工作液中的电解（阳极溶解）作用，使得电极丝出、入口处的工件表面发黑，影响表面质量和外观，有的脉冲电源还具有防电解功能。具体原理是在脉冲停歇时间内，使工件带有 10 V 左右的负电压，以防止发生电解。

3. 控制系统

控制系统是进行电火花线切割加工的重要环节。控制系统的稳定性、可靠性、控制精度及自动化程度都将直接影响到加工工艺指标和工人的劳动强度。

控制系统的主要作用是在电火花线切割加工过程中，首先按加工要求自动控制电极丝相对于工件的运动轨迹；其次自动控制伺服进给速度，保持恒定的放电间隙，防止开路和短路，实现对工件形状和尺寸的加工，即当控制系统使电极丝相对于工件按一定轨迹运动时，同时还应实现伺服进给速度的自动控制，以维持正常的放电间隙和稳定的切割加工，这是两个独立的控制系统。前者是靠数控编程和数控系统来进行轨迹控制的，后者则是根据放电间隙大小与放电状态进行自动伺服控制，以使进给速度与工件材料的蚀除速度相平衡。

电火花线切割机床控制系统的具体功能包括：

（1）轨迹控制。精确控制电极丝相对于工件的运动轨迹，以获得所需的形状和尺寸。

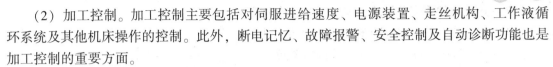

（2）加工控制。加工控制主要包括对伺服进给速度、电源装置、走丝机构、工作液循环系统及其他机床操作的控制。此外，断电记忆、故障报警、安全控制及自动诊断功能也是加工控制的重要方面。

电火花线切割机床的轨迹控制系统曾历经靠模仿形控制、光电跟踪仿形控制，现在已普遍采用数字程序控制，并已发展到微型计算机直接控制阶段。

数字程序控制（NC 控制）电火花线切割的控制原理是把图样上工件的形状和尺寸编制成程序指令（3B 指令或 ISO 代码指令），一般通过键盘（较早时使用穿孔纸带或磁带）输送给线切割机床的计算机，计算机根据输入指令进行插补运算，控制执行机构驱动电动机，由驱动电动机带动精密丝杠和坐标工作台，使工件相对于电极丝做轨迹运动。

数字程序控制方式与靠模仿形和光电跟踪仿形控制不同，无须制作精密的模板或描绘精确的放大图，而是根据图样的形状和尺寸，经编程后由计算机直接控制加工。只要机床的进给精度比较高，就可以加工出高精度的零件，而且在生产准备阶段机床占地面积小。目前双向高速走丝电火花线切割机床的数控系统大多采用较简单的步进电动机开环数控系统，而单向低速走丝线切割机床的数控系统则大多是伺服电动机和码盘组成的半闭环系统或全闭环数控系统。

此外，线切割加工控制系统还具有故障安全（断电记忆等）和自诊断等功能。

4. 工作液循环系统

在线切割加工中，工作液对加工工艺指标如切割速度、表面粗糙度、加工精度等影响很大。低速走丝线切割机床大多采用不污染环境的去离子水作为工作液，只有在特殊的精加工时才采用绝缘性能较高的煤油。高速走丝线切割机床使用的工作液是专用乳化液，目前仍在使用的乳化液有 DX - 1、DX - 2、DX - 3 等。这些乳化液各有特点，有的适于快速加工，有的适于大厚度切割，也有的是在原来的工作液中添加某些化学成分来提高切割速度或增加防锈能力等，但这类工作液中都含有一定成分的全损耗系统用油和防腐剂，使用中会产生油污和炭黑，对皮肤和呼吸系统有一定的刺激作用，其废液不易被分解处理，对环境有一定的污染。近年来苏州和南京等公司生产出不含油脂的新型工作液，其中不含亚硝酸钠和碳化物，干净透明，不产生油污，不会发黑，不刺激皮肤和呼吸系统。用后的废液沉淀 2 ~ 3 天后金属屑会沉在水底，分离后上层的工作液仍可使用，也可直接排放，下层的金属屑可回收。此类新型水基工作液切割和环保性能都较好。工作液循环系统一般由工作液泵、工作液箱、过滤器、管道和流量控制阀等组成。对于高速走丝机床，通常采用浇注式供液方式；而对于低速走丝机床，近年来有些采用浸泡式供液方式。

四、工件的装夹

线切割加工属于较精密加工，工件的装夹对加工零件的定位精度有直接影响，特别是在模具制造等加工中，需要认真、仔细地装夹工件。

1. 线切割加工工件装夹注意事项

（1）确认工件的设计或加工基准面，尽可能使设计或加工的基准面与 X、Y 轴平行。工件的定位面要有良好的精度，棱边倒钝，孔口倒角。

（2）工件的基准面应清洁、无飞边。切入点要导电，经过热处理的工件，在穿丝孔内及扩孔的台阶处要清理热处理残留物及氧化皮。

（3）热处理件要充分回火，平磨件要充分退磁。

（4）工件装夹的位置应有利于工件找正，并应与机床行程相适应；夹紧螺钉高度要合适，避免干涉到加工过程；上导丝轮要压得较低。

（5）工件的装夹应确保加工中电极丝不会过分靠近或误切割机床工作台，工件的夹紧力大小要适中、均匀，不得使工件变形或翘起。

（6）批量生产时最好采用专用夹具，以便提高生产率。

（7）对细小、精密、薄壁等工件要固定在不易变形的辅助夹具上。

2. 线切割工件装夹方法

在实际线切割加工中，常见的工件装夹方法如下：

（1）悬臂支撑方式装夹工件。该装夹方式如图 4-16（a）所示，工件一端悬伸，装夹简单方便，具有很强的通用性，但是工件一端固定、一端悬空，工件平面难以与工作台面找平，工件容易变形，切割质量稍差。因此，该方式在技术要求不高、悬臂部分较小时使用。

（2）两端支撑方式装夹工件。该装夹方式如图 4-16（b）所示，工件的两端固定在两相对工作台面上，装夹简单方便，支撑稳定，定位精度高，但要求工件长度大于两工作台面的距离，不适合装夹小型工件，且工件的刚性要好，工件悬空部分不会产生挠曲。

（3）桥式支撑方式装夹工件。该装夹方式如图 4-16（c）所示，先在两端支撑的工作台面上架上两根支撑垫铁，再在垫铁上安装工件，垫铁的侧面也可以做定位面使用。该方式稳定、方便、灵活、通用性好，平面的定位精度高，工件底面与切割面垂直度好，方便大尺寸的加工，对大、中、小型工件都适用。

（4）板式支撑方式装夹工件。该装夹方式如图 4-16（d）所示，根据常规工件的形状和尺寸大小，制成各种矩形或圆形孔的平板作辅助工作台，将工件安装在支撑板上。该方式装夹精度高，适合批量生产各种小型和异形工件，但无论是切割型孔还是工件外形都需要穿丝，通用性也较差。

（5）专用夹具装夹工件。该装夹方式如图 4-16（e）所示，在工作台面上装夹专用夹具并校正好位置，再将工件装夹于其中。该方式特别适用于批量生产的零件装夹，可大大缩短装夹和校正时间，提高效率。

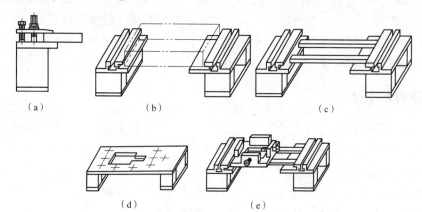

（a）　　　　　　　（b）　　　　　　　　　（c）

（d）　　　　　　（e）

图 4-16　线切割加工工件的装夹方式

（a）悬臂支撑方式；（b）两端支撑方式；（c）桥式支撑方式；

（d）板式支撑方式；（e）复式支撑方式

（6）分度夹具装夹工件。

①轴向安装的分度夹具。如小孔机上弹簧夹头的切割，要求沿轴向切2个垂直的窄槽，即可采用专用的轴向安装的分度夹具，如图4－17所示。分度夹具安装于工作台上，三爪内装检棒，拉表跟工作台的 X 或 Y 方向找平，工件安装于三爪上。旋转找正外圆和端面，找中心后切完第一个槽，旋转分度夹具旋钮，转动90°，再切另一个槽。

②端面安装的分度夹具。加工中心上链轮的切割，其外圆尺寸已超过工作台行程，不能一次装夹切割，即可采用分齿加工的方法。如图4－18所示，工件安装在分度夹具的端面上，通过中心轴定位在夹具的锥孔中，一次加工2~3个齿，通过连续分度完成一个零件的加工。常见线切割夹具如图4－19所示。

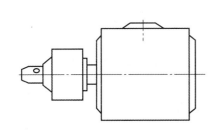
图4－17 轴向安装的分度夹具

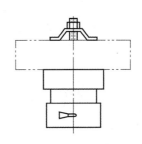
图4－18 端面安装的分度夹具

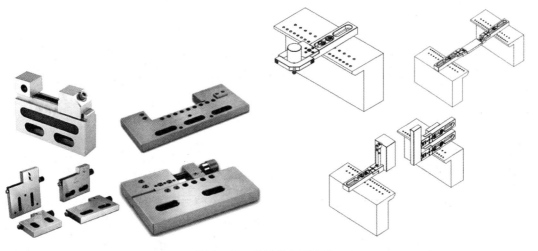
图4－19 常见线切割夹具

五、工件找正

工件安装到机床工作台上以后，在进行装夹和夹紧之前，应先对工件进行平行度的找正，即将工件的水平方向调整到指定角度，一般为工件的某个侧面与机床运动的坐标轴（ X、Y 轴）平行。工件的找正精度关系到线切割加工零件的位置精度。在实际生产中，根据加工零件的重要性，往往采用按划线找正、拉表法、固定基准面靠定法等方法，其中按划线找正用于零件要求不严的情况下。

1. 划线法

如图 4–20 所示，当工件图形与定位的相互位置要求不高时，可采用划线法找正，采用固定在线架上的带有顶丝的零件将划针固定，划针尖指向工件图形的基准线或基准面，移动纵（或横）向拖板，根据目测调整工件。

2. 拉表法

如图 4–21 所示，拉表法是利用磁力表架将百分表固定在线架或其他固定位置上，百分表触头接触在工件基面上，根据百分表的指示数值相应调整工件。

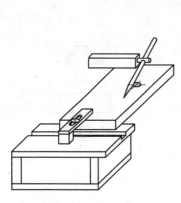

图 4–20　划线法找正

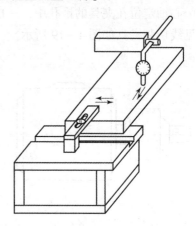

图 4–21　拉表法找正

3. 固定基面靠定法

如图 4–22 所示，利用通用或专用夹具纵、横方向的基准面，经过一次找正后，保证基准面与相应坐标方向一致，具有相同加工基准面的工件可以直接靠定，从而保证工件的正确加工位置。

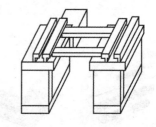

图 4–22　固定基准面靠定法找正

 任务实施

本项目的主要目的是熟悉机床的操作及线切割加工原理，加工零件无尺寸要求。本项目的完成过程为：机床基本操作、工艺分析、工件准备（工件预处理、工件装夹校正）、编制加工程序（确定加工路线、设置加工参数、计算点坐标）、电极丝准备和加工等。

一、快走丝机床的基本操作

1. 操作前准备工作

电火花线切割机床在操作前要做以下准备工作：

（1）将工作台移动到中间位置。

（2）摇动储丝筒，检验拖板的往复运动是否灵活，调整左右撞块，控制拖板行程。

（3）开启总电源，启动走丝电动机，检验其运转是否正常，检查拖板的换向动作是否可靠，检查换向时高频电源是否自行切断，并检查限位开关是否起到停止走丝电动机的作用。

（4）使工作台做纵、横向移动，检查输入信号与移动动作是否一致。

2. 机床的启动及关机

（1）启动。给机床通电，旋动开关到"ON"的位置。检查红色的蘑菇状"急停"按钮，确保"急停"按钮松开。按下绿色的"启动"按钮，机床即开机启动。

（2）关机。关机的方式一般有两种：一种叫硬关机，另一种叫软关机。硬关机就是直接切断电源，使机床的所有活动都立即停止。这种方法适用于遇到紧急情况或危险时紧急停机，在正常情况下一般不采用，具体操作方法是：按下"急停"按钮，再按下"OFF"键。软关机则是正常情况下的一种关机方法，它通过系统程序实现关机，具体操作方法是：在操作面板上进入关机窗口，按照提示输入"YES"或"Y"确认后，系统即可自动关机。

3. 电火花线切割机床控制面板和手控盒

电火花线切割机床的移动主要通过控制面板和手控盒等来实现，其使用方法见表4 – 3和表4 – 4。

（1）控制面板的认识。控制面板是线切割加工中最主要的人机交互界面，各个电火花线切割机的控制面板大同小异。表4 – 3所示为控制界面常见组件及功能（以北京阿奇快走丝电火花线切割机床为例）。

表4 – 3　控制面板使用方法

画面图	组件名称	作用及使用方法
	CRT 显示器	显示人机交互的各种信息，如坐标、程序
	电压表	指示加工时流过放电间隙两段的平均电压（即加工电压）
	电流表	指示加工时流过放电间隙两端的平均电流（即加工电流）。当加工稳定时，电流表指针稳定；加工不稳定时，电流表指针急剧左右摆动
	主电源开关	合上时，机床通电；不用时，要关断
	"启动"按钮	绿色按钮，按下后灯亮，机器启动。在加工中，首先合上主电源开关，再按绿色"启动"按钮
	"急停"按钮	红色蘑菇状按钮，在加工过程中遇紧急情况时即按此按钮，机器立即断电停止工作。机器要重新启动时，必须顺时针拧出"急停"按钮，否则按"启动"按钮机器也不能启动
	键盘	与普通计算机相同
	软盘驱动器	与普通计算机相同，在线切割中主要用来读写图形文件。如当切割较复杂零件时，线切割自带的绘图软件不方便绘制，可以先用AutoCAD等绘图软件绘制，存在软盘里通过软盘驱动器输入

表 4-4　手控盒使用方法

手控盒	键	作用及使用方法
		"点动速度"键：分别代表高、中、低速，与"X""Y""Z"坐标键配合使用，开机为中速。在实际操作中如果选择了"点动高速"键，使用完毕后最好习惯性选择"点动中速"键
	+X　−X +Y　−Y +Z　−Z +U/+C　−U/−C	"点动移动"键：指定轴及运动方向。面对机床正面，工作台向左移动（相当于电极丝向右移动）为 +X，反之为 −X；工作台移近工作者为 +Y，远离为 −Y。U 轴与 X 轴平行，V 轴与 Y 轴平行，方向定义与 X 轴、Y 轴相同。"点动移动"键要与"点动速度"键结合使用，如要高速向 +X 方向移动，则先选择"点动高速"键，再按住"点动移动"键 +X。+Z、−Z、+C、−C 在线切割机床中无效
		"PUMP"键：加工液泵开关。按下按键后开泵，再按下后停止，开机时为关。开泵功能与 T84 代码相同，关闭液泵功能与 T85 代码相同
		"忽略解除感知"键：当电极丝与工件接触后，按住此键，再按手控盒上的"轴向"键，能忽略接触感知继续进行轴向的移动。此键仅对当前的一次操作有效，功能与 M05 代码相同
		"HALT"（暂停）键：在加工状态按下此键将使机床动作暂停。此键功能与 M00 代码相同
		"ACK"（确认）键：在出错或某些情况下，其他操作被中止，按此键确认。系统一般会在屏幕上提示
		"WR"键：启动或停止丝筒运转。按下运转（相当于执行 T86 代码），再按停止（相当于执行 T87 代码）
		"ENT"键：开始执行 NC 程序或手动程序，也可以按键盘上的"Enter"键
		"RST"（恢复加工）键：加工中按"暂停"键，加工暂停，按此键恢复暂停加工
		"OFF"键：中断正在执行的操作。在加工中一旦按"OFF"键后确认中止加工，则按"RST"（恢复加工）键不可以从中止的地方再继续加工，所以要慎重

注：其他键在本系统中无效，属于电火花成形机床使用键。在手动、自动模式，只要没按"F"功能键，没执行程序，即可用手控盒操作。另外，每次开、关机的时间间隔要大于 10 s，否则有可能出现故障。

二、加工准备

1. 工艺分析

（1）加工轮廓确定。根据毛坯的大小，分析确定五角星图案在毛坯上的位置。假设五角星图案在工件上的位置如图 4−23 所示，该位置没有严格的尺寸精度要求，误差可以在 ±1 mm 之内。在图 4−23 中，O 点为穿丝孔（即切割加工时，电极丝的起始位置），A 点为起割点（即图案轮廓首先切割点），OA 为辅助切割行程。

（2）装夹方法确定。本项目采用悬臂支撑装夹的方式（见图 4−24），该装夹方法通用性强，装夹方便，但容易出现上仰或倾斜问题，一般只在工件精度要求不高的情况下使用。由于本项目对工件的装夹无特殊要求，故只需夹紧工件即可。

（3）请在指导教师的帮助下确定穿丝孔位置。线切割加工时工件与电极丝不允许短路，否则无法加工。因此穿丝孔 O 离工件 GF 边的距离为 1~3 mm。若该距离太小，加工时电极丝抖动可能短路；若该距离大，则空切割行程过大，造成浪费。本项目取为 2 mm，同时起割点 A 到 GF 边的距离设计时取为 2 mm。这样 OA 的距离为 4 mm。

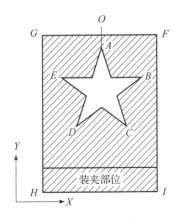

图 4−23　零件位置图

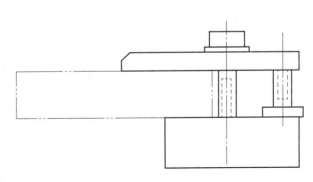

图 4−24　工件的装夹

2. 工件准备

准备一张薄钢板，去除毛刺。由于本项目要求不高，因此采用如图 4−24 所示的悬臂式支撑，用螺钉和夹板直接把毛坯装夹在台面上，装夹时用角尺放在工作台横梁边简单校正工件即可，如图 4−25 所示。

3. 程序编制

（1）确定加工路线和各点坐标。为方便编程，将五角星内接圆的圆心定位坐标零点，建立工件坐标系，按 A，A₁，B，B₁，C 等点的坐标画出切割的轨迹五角星 ABCDE，如图 4−26 所示。

输入穿丝孔坐标（0，14），输入或者选择起割点 A。线切割加工中力很小，因此切割方向可以自定，既可顺时针，也可逆时针。

（2）按照机床说明在指导教师的帮助下生成数控加工程序。

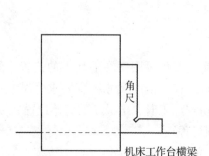

图4-25　工件的校正

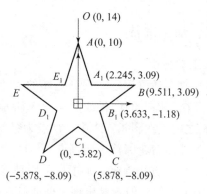

图4-26　图形坐标

4. 电极丝准备

通过手控盒或机床操作面板将穿好并校正好的电极丝按照如图4-23所示移到工件 GF 边中间，距离 GF 边约2 mm。由于五角星轮廓在工件毛坯上的定位要求不高，因此通过目测移动电极丝即可。

三、加工

启动机床加工。加工时应注意安全，加工后注意打扫卫生、保养机床。取下工件，测量相关尺寸，并与理论值相比较。

 任务拓展

一、电火花线切割机床主要功能

（1）模拟加工功能。模拟显示加工时电极丝的运动轨迹及其坐标。

（2）短路回退功能。加工过程中，若进给速度太快而电腐蚀速度慢，在加工时出现短路现象，控制器会改变加工条件并沿原来的轨迹快速后退，消除短路，防止断丝。

（3）回原点功能。遇到新丝或其他一些情况，需要回到起割点，可用此操作。

（4）单段加工功能。加工完当前段程序后自动暂停，并有相关提示信息，如：单段停止，按"OFF"键停止加工，按"RST"键继续加工。此功能主要用于检查程序每一段的执行情况。

（5）暂停功能。暂时中止当前的功能（如加工、单段加工、模拟、回退等）。

（6）MDI功能。手动输入数据方式，即可通过操作面板上的键盘，把数控指令逐条输入存储器中。

（7）进给控制功能。能根据加工间隙的平均电压或放电状态的变化，通过取样、变频电路，不断、定期地向计算机发出中断申请，自动调整伺服进给速度，保持平均放电间隙，使加工稳定，提高切割速度和加工精度。

（8）间隙补偿功能。线切割加工数控系统所控制的是电极丝中心移动的轨迹。因此，加工零件时有补偿量，其大小为单边放电间隙与电极丝半径之和。

（9）自动找中心功能。电极丝能够自动找正后停在孔中心处。

（10）信息显示功能。可动态显示程序号、计数长度、电规准参数和切割轨迹图形等参数。

（11）断丝保护功能。在断丝时，控制机器停在断丝坐标位置上，等待处理，同时高频停止输出脉冲，储丝筒停止运转。

（12）停电记忆功能。可保存全部内存加工程序，当前没有加工完的程序可保持 24 h 以内，随时可停机。

（13）断电保护功能。在加工时如果突然发生断电，系统会自动将当时的加工状态记下来，在下次来电加工时，系统自动进入自动方式，并提示：

"从断电处开始加工吗？按 OFF 键退出！按 RST 键继续！"

这时，如果想继续从断电处开始加工，则按下"RST"健，系统将从断电处开始加工，否则按"OFF"键退出加工。使用该功能的前提是不要轻易移动工件和电极丝，否则来电继续加工时，会发生很长时间的回退，影响加工效果甚至导致工件报废。

（14）分时控制功能。可以一边进行切割加工，一边编写另外的程序。

（15）倒切加工功能。从用户编程方向的反方向进行加工，主要用在加工大工件、厚工件时电极丝断丝等场合。电极丝在加工中断丝后穿丝较困难，若从起割点重切，比较耗时间，并且重复加工时间隙内的污物多，易造成拉弧、断丝。此时采用倒切加工功能，即回到起始点，用倒切加工完成加工任务。

（16）平移功能。主要用在切割完当前图形后，在另一个位置加工同样的图形等场合，可以省掉重新画图的时间。

（17）跳步功能。将多个加工轨迹连接成一个跳步轨迹，如图 4 - 27 所示，可以简化加工的操作过程。

注：实线为零件形状，虚线为电极丝路径

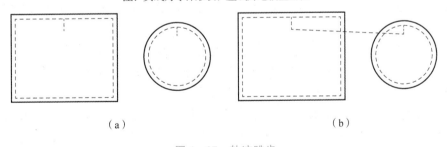

（a）　　　　　　　　　　　　　　（b）

图 4 - 27　轨迹跳步

（a）跳步前轨迹；（b）跳步后轨迹

（18）任意角度旋转功能。可以大大简化某些轴类对称零件的编程工艺，如齿轮，只需先画一个齿形，然后旋转该齿形几次即可完成。

（19）代码转换功能。能将 ISO 代码转换为 3B 代码等。

（20）上下异形功能。能加工出上下表面形状不一致的零件。

二、电火花线切割加工的安全技术规程

电火花线切割加工的安全技术规程可从两个方面考虑，一方面是人身安全，另一方面是设备安全，主要包括以下几点。

（1）操作者必须熟悉线切割机床的操作技术，开机前应按设备的润滑要求对机床的有关部位进行注油润滑。

（2）操作者必须熟悉线切割加工工艺，能够适当地选取加工参数，按规定的操作顺序合理操作，防止断丝、短路等故障的发生。

（3）上丝用的套筒手柄使用后，必须立即取下，以免伤人。废丝要放在规定的容器中，防止混入电路和走丝系统中，造成短路、触电和断丝事故。停机时，要在储丝筒刚换向后尽快按下停止按钮，防止因储丝筒惯性造成断丝及传动件碰撞。

（4）正式加工工件之前，应确认工件位置是否安装正确，防止碰撞丝架和因超程撞坏丝杠、螺母等传动部件。对于无超程限位的工作台，要防止超程坠落事故。

（5）在加工工件之前应对工件进行热处理，尽量消除工件的残余应力，防止切割过程中工件爆裂伤人。加工时要将防护罩装上，机床运行时严禁打开护罩，严禁手触电极丝。

（6）检修之前，应注意切断电源，防止损坏电路元件和触电事故发生。

（7）禁止用湿手按开关和电气部分。

（8）合理配置工作液，确保工作液包住电极丝，并注意防止工作液飞溅及工作介质等导电物进入电气部分。一旦电气短路造成火灾，应先切断电源，用四氯化碳等合适的灭火器灭火，禁止使用水灭火。

（9）放电加工时，工作台不允许放置杂物，以免影响切割精度。机床周围禁止放置易燃、易爆物品，防止加工过程中因工作介质供应不足而产生放电火花，引起火灾。

（10）定期检查机床电气部分的绝缘情况，特别是机床床身应该具有良好的接地，检查机床时，不可带电操作。

（11）切割加工时不可随意走动，要随时观察加工情况，排除事故隐患。

（12）穿丝、紧丝时，务必注意电极丝不要从导轮槽脱出，并与导电块有良好接触。装夹工件时要充分考虑装夹部分和电极丝的进刀位置与进刀方向，确保切割路线通畅。

（13）停机时，应先停高频脉冲电源，再停工作液，让电极丝运行一段时间，并等储丝筒反向再停止走丝。工作结束后，关闭总电源，擦净工作台及夹具，并润滑机床。使用机床前必须经过严格的培训，取得合格的操作证后才能上机工作。

三、线切割机床的日常维护和保养

线切割机床是技术密集型产品，属于精密加工设备，必须对机床机械进行日常的维护和保养，才能安全、合理、有效地使用机床。

（1）严格遵守机床安全操作规程使用机床。

（2）定期检查机床电源线、行程开关和换向开关等是否可靠。

（3）定期按机床说明书对机床各个零部件进行润滑。

（4）定期调整机床丝杠螺母、导轨、电极换丝挡和导电块。

（5）定期检查机床导轨、馈电电刷、挡丝块、导轮轴承等易损件，磨损后应该更换。

（6）定期清洁和更换工作液，加工前检查工作液箱的工作液是否足够，同时检查水管和喷嘴是否通畅。

（7）必须在机床允许的规格范围内进行加工，严禁超重或超行程工作。

（8）遇突发故障时应立即切断电源，由专业维修人员进行检修。

（9）每天工作结束清洁机床后应清理工作区域，并擦净夹具及附件等。

 项目五 线切割加工切断车刀

 项目简介

切断车刀是车削加工中的常用刀具之一，有的切断车刀是将高速钢车刀条去除部分得到的。在没有线切割加工设备的情况下，人们往往通过砂轮磨削去除多余的材料。若使用线切割将高速钢车刀条（见图5-1）加工成如图5-2所示形状，再通过磨削去除少量余料，效率会大幅提高。线切割高速钢车刀尺寸要求不高，但若要将加工的尺寸精度提高到0.01 mm，则需要掌握电极丝定位等知识。同时，由于工件较厚，故电极丝的垂直度需要进行校正。

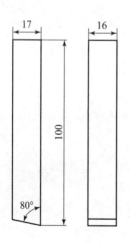

图5-1 高速钢车刀条

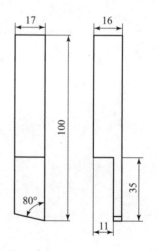

图5-2 切断车刀

 项目分解

任务一 切割加工 ISO 编程
任务二 高速走丝线切割机床电极丝定位与补偿

项目目标

知识目标

1. 掌握 ISO 代码和 3B 代码
2. 掌握电极丝的定位
3. 掌握电极丝垂直度的校正方法
4. 了解电火花线切割工艺的拓展应用

能力目标

1. 能准确完成电火花线切割 ISO 程序的编制
2. 能将电极丝准确定位
3. 能熟练校正电极丝的垂直度

素质目标

1. 培养安全规范的生产意识
2. 培养严谨认真的工作作风
3. 培养举一反三的学习能力

任务一　切割加工 ISO 编程

 任务导入

电火花线切割机床控制系统是按照人的命令去控制机床加工的，因此必须事先把要切割的图线用机器所能接受的语言编排好命令，并告诉控制系统。这项工作称为电火花线切割数控编程，简称编程。

 任务目标

知识目标

1. 掌握电火花线切割数控编程步骤
2. 掌握 ISO 编程加工指令代码

能力目标

能够初步编制电火花线切割加工 ISO 程序

素质目标

培养分析和解决问题的能力

知识链接

一、ISO 编程

1. 加工指令代码

线切割加工的 ISO 代码基本与电火花加工的 ISO 代码相同。不同公司的 ISO 程序大致相同，但具体格式会有所区别。下面再介绍一些线切割常用的 ISO 代码。

（1）G40、G41、G42（电极丝补偿指令），分别为取消刀补、左刀补、右刀补。为了消除电极丝半径和放电间隙对加工精度的影响，电极丝中心相对于加工轨迹需偏移一定值，如图 5-3 所示。G41（左补偿）和 G42（右补偿）分别是指沿着电极丝运动的方向前进，电极丝中心沿加工轨迹左侧或右侧偏移一个给定值；G40（取消补偿）为补偿撤销指令。

格式：G41 D_或 G41 H_

　　　　G42 D_或 G42 H_

　　　　G40

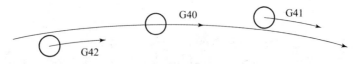

图 5-3　电极丝补偿示意图

电极丝加补偿及取消补偿都只能在直线上进行，在圆弧上加补偿或取消补偿都会出错。电极丝补偿时必须移动一个相对直线距离，如果不移动直线距离，则程序会出错，补偿不能加上或取消。下面我们通过实例来学习电极丝的补偿。图 5-4 所示为加工轨迹，已知电极丝补偿量为 0.1 mm，请完成相应操作过程及加工程序。

灵活使用电极丝补偿命令 G40、G41、G42，完成加工程序如下：

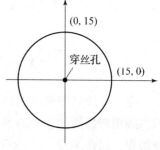

图 5-4　加工轨迹示意图

```
H000 = +00000000   H001 = +00000100;
H005 = +00000000;
T84 T86 G54 G90 G92 X +0 Y +0;          //T84 为打开喷液指令,T86 为送电极丝
C007;
G01 X +14000 Y +0;G04 X0.0 +H005;
G41 H001;
C001;
G01 X +15000 Y +0;G04 X0.0 +H005;
G03 X -15000 Y +0 I -15000 J +0;G04 X0.0 +H005;
```

```
X+15000 Y+0 I+15000 J+0;G04 X0.0+H005;
G40 H000 G01 X+14000 Y+00
M00;
C007;
G01 X+0 Y+0;G04 X0.0+H005;
T85 T87 M02;                    //T85 为关闭喷液指令,T87 为停止送电极丝
( :: The cutting length =109.247 778 mm);
```

很多线切割的 ISO 程序可以直接改变电极丝补偿值大小（见图 5 - 5（a））、补偿方向（见图 5 - 5（b）），而不需要通过 G40 转换。

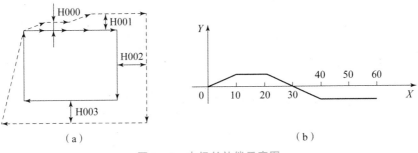

图 5 - 5 电极丝补偿示意图

（2）G80（接触感知）。此指令的功能与目的是使指定轴沿指定方向前进，直到与工件接触为止。接触感知的目的是建立工件坐标系。

指令格式：G80（轴指定及方向）

举例：G80 X + ；G80 Y - ；

注意：在这里 + 号为电极丝接触感知的方向，不能省略。

感知过程说明：电极丝以一定速度（感知速度）接近工件，接触到工件时会回退一小段距离再去接触，按给定次数（机床设置中可更改）重复数次后找到最佳接触点停下来，确认已找到了接触感知点。其中，感知速度、回退长度和接触感知次数三个参数可在参数模式的机床方式下进行设定。

①感知速度：数值越大，速度越慢。速度慢一些有利于提高感知精度。

②回退长度：单位为 μm，一般为 250 μm。

③接触感知次数：一般设为 3 次，用户可以根据自己需要在机床设置中自己设置次数，按"Alt" + "1"键进入设置界面。

（3）C 功能指令。C 代码在程序中的作用和格式与电火花成形加工中一致，北京阿奇快走丝线切割机床中，C×××的含义如图 5 - 6 所示，表 5 - 1、表 5 - 2 所示为部分加工参数。

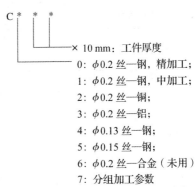

图 5 - 6 C××× 的含义

117

表 5 - 1　精加工参数

参数号	ON	OFF	IP	SV	GP	V	加工速度 /(mm³·min⁻¹)	粗糙度 Ra /μm
C001	02	03	2.0	01	00	00	11	2.5
C002	03	03	2.0	02	00	00	20	2.5
C003	03	05	3.0	02	00	00	21	2.5
C004	06	05	2.0	02	00	00	20	2.5
C005	08	07	3.0	02	00	00	32	2.5
C006	09	07	3.0	02	00	00	30	2.5
C007	10	07	3.0	02	00	00	35	2.5
C008	08	09	4.0	02	00	00	38	2.5
C009	11	11	4.0	02	00	00	30	2.5
C010	11	09	4.0	02	00	00	30	2.5
C011	12	09	4.0	02	00	00	30	2.5
C012	15	13	4.0	02	00	00	30	2.5
C013	17	13	4.0	03	00	00	30	3.0
C014	19	13	4.0	03	00	00	34	3.0
C015	15	15	5.0	03	00	00	34	3.0
C016	17	15	5.0	03	00	00	37	3.0
C017	19	15	5.0	03	00	00	40	3.0
C018	20	17	6.0	03	00	00	40	3.5
C019	23	17	6.0	03	00	00	44	3.5
C020	25	21	7.0	03	00	00	56	4.0

注：工件材料为 Cr12，热处理 C59 ~ C65，钼丝直径为 0.2 mm。

表 5 - 2　部分加工参数表

参数号	ON	OFF	IP	SV	GP	V	加工速度 /(mm³·min⁻¹)	粗糙度 Ra /μm
C701	03	03	3.5	03	01	00	19	2.6
C702	03	03	3.5	03	01	00	22	2.5
C703	03	05	3.5	03	01	00	20	2.5

续表

参数号	ON	OFF	IP	SV	GP	V	加工速度 /(mm³·min⁻¹)	粗糙度 Ra /μm
C704	03	05	4.0	03	01	00	26	2.5
C705	03	07	5.0	03	01	00	30	2.5

注：工件材料为 Cr12，热处理 C59～C65，钼丝直径为 0.2 mm，适用于厚度为 50 mm 及以下工件的加工，以提高效率、改善粗糙度。

二、电火花线切割数控编程步骤

1. 正确选择穿丝孔和电极丝切入位置

1）穿丝孔位置和直径选择

穿丝孔是电极丝加工的起点，也是程序的原点，穿丝孔的加工方法取决于现场的设备。在生产中，穿丝孔常常用钻头直接钻出来，对于材料硬度较高或较厚的工件，则需要采用高速电火花加工等方法来打孔。

穿丝孔的位置与加工零件轮廓的最小距离和工件的厚度有关，一般选在工件的基准点附近。工件越厚，则最小距离越大，一般不小于 3 mm。在实际加工中，穿丝孔有可能打歪，如图 5-7（a）所示，若穿丝孔与欲加工零件图形的最小距离过小，则可能会导致工件报废；若穿丝孔与欲加工零件图形的距离过大，如图 5-7（b）所示，则会增加切割行程。

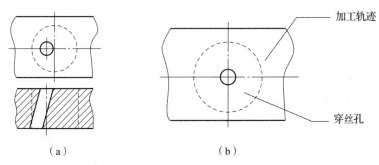

（a）　　　　　　　　　　　　　（b）

图 5-7　穿丝孔的大小与位置

（a）穿丝孔与加工轨迹太近；（b）穿丝孔与加工轨迹较远

穿丝孔的直径不宜过小或过大，否则加工较困难。若由于零件轨迹等导致穿丝孔的直径必须很小，则在打穿丝孔时要小心，尽量避免打歪或尽可能减少打孔的深度。图 5-8（a）所示为直接用打孔机打孔，操作较困难；图 5-8（b）所示为在不影响使用的情况下，将底部先铣削出一个较大的底孔来减小打穿丝孔的深度，从而降低打孔的难度，这种方法在加工塑料模的顶杆孔等零件中常常使用。

穿丝孔加工完成后，一定要注意清理里面的毛刺，以避免加工中产生短路而导致加工不能正常进行。

在线切割加工中，穿丝孔的主要作用有以下两点：

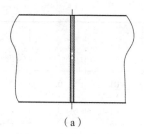
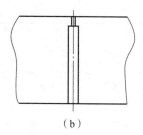

（a）　　　　　　　　　（b）

图 5-8　穿丝孔高度

（1）对于切割凹模或带孔的工件，必须先有一个孔用来将电极丝穿进去，然后才能进行加工。

（2）减小凹模或工件在线切割加工中的变形。在线切割加工中工件坯料的内应力会失去平衡而产生变形，影响加工精度，严重时切缝甚至会夹住、拉断电极丝。综合考虑内应力导致的变形等因素，按图 5-9（c）所示方式最好。在图 5-9（d）中，零件与坯料工件的主要连接部位被过早地割离，余下的材料被夹持部分少，工件刚性大大降低，容易产生变形，从而影响加工精度。

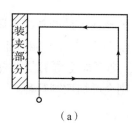
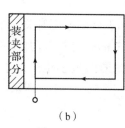
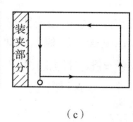
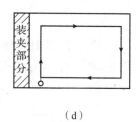

（a）　　　　　　　（b）　　　　　　　（c）　　　　　　　（d）

图 5-9　切割凸模时穿丝孔位置及切割方向比较

2）电极丝切入位置选择

如图 5-10 所示，O 点为穿丝孔，穿丝孔到工件之间有一条引入线段，称为引入程序段。在手工编程时，应减去一个间隙补偿量 f，从而保证图形位置的准确性，如图 5-10 所示 OA 段。

一般数控装置都有刀具补偿功能，不需要计算刀具中心的运动轨迹，只需按零件轮廓编程，从而使编程简单方便，但需要考虑电极丝直径及放电间隙 δ，如图 5-11 所示，即要设置间隙补偿量 $f = \pm(d/2 + \delta)$。加工凸模类零件时，电极丝中心轨迹在要加工图形的外面，电极丝中心轨迹应放

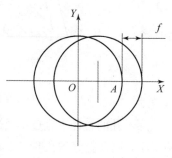

图 5-10　间隙补偿示意图

大，f 取 " + " 值；加工凹模类零件时，电极丝中心轨迹在要加工图形的里面，电极丝中心轨迹应缩小，f 取 " - " 值，如图 5-12 所示。

2. 确定加工路线

根据工件的装夹情况建立坐标系，正确的加工路线能减小工件的变形，保证加工精度。

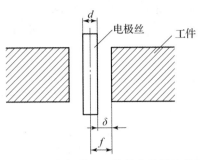

图 5-11 电极丝与工件放电位置的关系

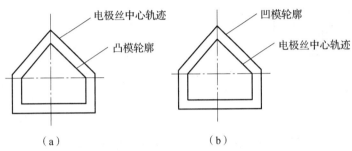

（a） （b）

图 5-12 电极丝中心运动轨迹与给定图线的关系

（a）凸模加工；（b）凹模加工

3. 求各线段的交点坐标值

将图形分割成若干条单一的直线或圆弧，按图纸尺寸求出各线段的交点坐标值。

4. 编制程序

编程要点见 ISO 编程。

5. 程序检验

空运行，即将程序输入数控装置后空走，检查机床的回零误差。

 任务实施

该零件较厚，不适于激光加工，而车刀材料硬度高，采用铣削加工会导致铣刀磨损较大，故采用线切割加工比较适宜。本任务完成过程包括工艺分析、工件准备和编制加工程序三部分。

1. 工艺分析

（1）加工轮廓位置确定。根据图 5-1 和图 5-2，分析确定线切割加工轮廓 *OABCDEAO* 在毛坯上的位置，如图 5-13 所示。画图时各点参考坐标为 $C(0，0)$、$D(0，50)$、$E(20，50)$、$B(20，0)$、$A(20，38)$、$O(19，38)$。

（2）装夹方法确定。本项目采用悬臂支撑装夹的方式来装夹。

（3）穿丝孔位置确定。如图 5-13 所示，O 为穿丝孔，A 为起割点。实际上 OA 段为空走刀，因此 OA 值可取 0.5~1 mm，现取为 1 mm。

2. 工件准备

本项目精度要求不高，装夹时用角尺放在工作台横梁边简单校正工件即可，也可以用电

极丝沿着工件边缘 *AB* 方向移动，如图 5–14 所示，观察电极丝与工件的缝隙大小的变化。将电极丝反复移动，根据观察结果敲击工件，使电极丝在 *A* 处和 *B* 处时与工件的缝隙大致相等。

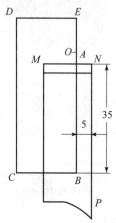

图 5–13　切削轨迹示意图

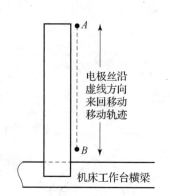

图 5–14　电极丝移动校正工件

3. 程序编制

（1）绘图。如图 5–13 所示，按 *C*、*B*、*E*、*D* 点的坐标画出矩形 *CBED*。

（2）确定加工路线。输入穿丝孔坐标 *O*(19, 38)，输入或者选择起割点 *A*。为了节约加工时间，应选择顺时针加工方向，即 *OABC*。

（3）按照 ISO 编程方法结合机床说明，编制数控程序，具体如下。

```
H000 = +00000000  H001 = +00000100;
H005 = +00000000; T84 G54 G90 G92 X +19000 Y +38000;
C007;
G01 X +18000 Y +38000;G04 X0.0 +H005;
G42 H000;
C001;
G42 H000;
G01 X +20000 Y +38000;G04 X0.0 +H005;
G42 H001;
X +20000 Y +0;G04 X0.0 +H005;
X +0 Y +0;G04 X0.0 +H005;
X +0 Y +50000;G04 X0.0 +H005;
X +20000 Y +50000;G04 X0.0 +H005;
X +20000 Y +38000;G04 X0.0 +H005;
G40 H000 G01 X +19000 Y +38000;
M00;
C007;
G01 X +20000 Y +38000;G04 X0.0 +H005;
T85 T87 M02;
```

（4）程序检验。

任务拓展

一、3B 代码编程

为了便于机器接收命令，必须按照一定的格式来编制电火花线切割加工的数控程序。目前高速走丝线切割机床一般采用 3B（个别扩充为 4B 或 5B）格式，而低速走丝线切割机床常采用国际上通用的 ISO（国际标准化组织）或 EIA（美国电子工业协会）格式。为了便于国际交流和标准化，我国特种加工学会和特种加工行业协会建议我国生产的线切割控制系统逐步采用 ISO 代码。

一般数控线切割机床在加工之前应先按工件的形状和尺寸编出程序，并将此程序打出穿孔纸带，再用纸带进行数控线切割加工。近年来的自动编程机可直接将编好的程序传输给电火花线切割机床，而不再采用穿孔纸带。

以下介绍我国往复高速走丝线切割机床应用较广的 3B 程序的编程要点。

常见的图形都是由直线和圆弧组成的，任何复杂的图形，只要分解为直线和圆弧即可依次分别编程。编程时需用的参数有五个：切割的起点或终点坐标 X、Y 值，切割时的计数长度 J（切割长度在 X 轴或 Y 轴上的投影长度），计数方向 G，加工指令 Z（切割轨迹的类型）。

1. 程序格式

我国数控高速走丝线切割机床采用统一的五指令 3B 程序格式，为

$$BXBYBJGZ$$

式中　B——分隔符，用它来区分、隔离 X、Y 和 J 等数码，B 后的数字如为 0，则 0 可以不写；

　　　X，Y——直线终点或圆弧起点的坐标值，编程时均取绝对值，以 μm 为单位；

　　　J——计数长度，以 μm 为单位，以前编程时必须写满六位数，例如计数长度为 4 560 μm，应写成 004560，现在的微机控制器，则不必用 0 填满六位数；

　　　G——计数方向，分 G_X 或 G_Y，即可以按 X 方向或 Y 方向计数，工作台在该方向每走 1 μm，计数器累减 1，当累减到计数长度 $J=0$ 时，这段程序即加工完毕；

　　　Z——加工指令，分为直线 L 与圆弧 R 两大类。

2. 直线的编程

（1）把直线的起点作为坐标原点。

（2）把直线的终点坐标值作为 X、Y，均取绝对值，单位为 μm。因为 X、Y 的比值表示直线的斜度，故也可用公约数将 X、Y 缩小整倍数。

（3）计数长度 J，按计数方向 G_X 或 G_Y 取该直线在 X 轴或 Y 轴上的投影值，即取 X 值或 Y 值，以 μm 为单位。计数长度要和选择计数方向一并考虑。

（4）计数方向的选取原则，应取程序最后一步的轴向作为计数方向。不能预知时，一般选取与终点处走向较平行的轴向作为计数方向，这样可减小编程误差与加工误差。对直线而言，可取 X、Y 中较大的绝对值及其轴向作为计数长度 J 和计数方向 G。

（5）加工指令按直线走向和终点所在象限不同分为 L_1、L_2、L_3、L_4，其中与 $+X$ 轴重合的直线算作 L_1，与 $+Y$ 轴重合的直线算作 L_2，与 $-X$ 轴重合的直线算作 L_3，与 $-Y$ 轴重

合的直线算作 L_4。与 X、Y 轴重合的直线，编程时 X、Y 均可作 0，且在 B 后可不写，如图 5-15 所示。

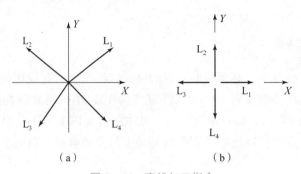

（a）　　　　　　　　　（b）

图 5-15　直线加工指令

（a）各象限 Z 的确定；（b）坐标轴上 Z 的确定

3. 圆弧的编程

（1）把圆弧的圆心作为坐标原点。

（2）把圆弧的起点坐标值作为 X、Y，均取绝对值，单位为 μm。

（3）计数长度 J 按计数方向取 X 或 Y 轴上的投影值，以 μm 为单位。如果圆弧较长，跨越两个以上象限，则分别取计数方向 X 轴（或 Y 轴）上各象限投影值的绝对值并相累加，作为该方向总的计数长度，这要和选计数方向一并考虑。

（4）计数方向同样也取与该圆弧终点时走向较平行的轴向作为计数方向，以减少编程和加工误差，即取圆弧终点坐标中绝对值较小的轴向作为计数方向（与直线相反），最好也取最后一步的轴向作为计数方向。

（5）加工指令，对圆弧而言，按其第一步所进入的象限可分为 R_1、R_2、R_3、R_4，按切割走向又可分为顺圆 S 和逆圆 N，于是共有 8 种指令，即 SR_1、SR_2、SR_3、SR_4 及 NR_1、NR_2、NR_3、NR_4，如图 5-16 所示。

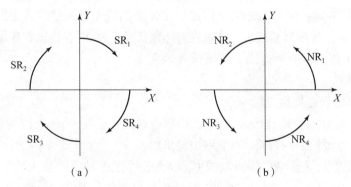

（a）　　　　　　　　　（b）

图 5-16　圆弧加工指令

（a）顺时针；（b）逆时针

4. 编程举例

假设要切割如图 5-17 所示的轨迹，该图形由三条直线和一条圆弧所组成，分四条程序编制（暂不考虑切入路线的程序）。

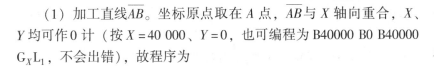

（1）加工直线 $\overline{AB}$。坐标原点取在 A 点，$\overline{AB}$ 与 X 轴向重合，X、Y 均可作 0 计（按 $X = 40\,000$、$Y = 0$，也可编程为 B40000 B0 B40000 $G_X L_1$，不会出错），故程序为

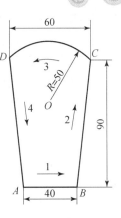

图 5 - 17　编程图形

B B B40000 $G_X L_1$

（2）加工斜线 $\overline{BC}$。坐标原点取在 B 点，终点 C 的坐标值是 $X = 10\,000$、$Y = 90\,000$，故程序为

B1 B9 B90000 $G_Y L_1$

（3）加工圆弧 $\overset{\frown}{CD}$。坐标原点应取在圆心 O，这时起点 C 的坐标可用勾股定律算得为 $X = 30\,000$、$Y = 40\,000$，故程序为

B30000 B40000 B60000 $G_X NR_1$

（4）加工斜线 $\overline{DA}$。坐标原点应取在 D 点，终点 A 的坐标为 $X = 10\,000$、$Y = -90\,000$（其绝对值为 $X = 10\,000$、$Y = 90\,000$），故程序为

B1 B9 B9 0000 $G_Y L_4$

加工程序见表 5 - 3。

表 5 - 3　程序表

程序	B	X	B	Y	B	J	G	Z
1	B		B		B	40 000	G_X	L_1
2	B	1	B	9	B	90 000	G_Y	L_1
3	B	30 000	B	40 000	B	60 000	G_X	NR_1
4	B	1	B	9	B	90 000	G_Y	L_4
5						D		（停机码）

在实际进行线切割加工和编程时，要考虑钼丝半径 r 和单面放电间隙 δ 的影响，即间隙补偿量 f。

二、自动编程

数控线切割编程是根据图样提供的数据，经过分析和计算，编写出线切割机床能接受的程序清单。数控编程可分为人工编程和自动编程两类。人工编程通常是根据图样把图形分解成直线段和圆弧段，并且将每段的起点、终点，中心线的交点，切点的坐标一一定出，按这些直线的起点、终点，圆弧的中心、半径、起点和终点坐标进行编程。当零件的形状复杂或具有非圆曲线时，人工编程的工作量大，容易出错。

为了简化编程工作，利用计算机进行自动编程是必然趋势。自动编程使用专用的数控语言及各种输入手段，向计算机输入必要的形状和尺寸数据，利用专门的应用即可求得各交点、切点坐标及编写数控加工程序所需的数据，编写出数控加工程序，再将程序传输给线切割机床。即使是数学知识不多的人也照样能简单地进行这项工作。目前已有多种可输出两种程序格式（ISO 和 3B）的自动编程机。一些 CNC 线切割机床本身已具有多种自动编程机的功能，或做到控制机与编程机合二为一，在控制加工的同时，可以脱机进行自动编程。例如国外单向走丝线切割机床及我国生产的一些双向走丝线切割机床都有类似的功能。

目前我国双向走丝线切割加工的自动编程机，有根据编程语言进行编程的，也有根据菜单采用人机对话进行编程的。后者易学，但烦琐；前者简练，但事先需记忆大量的编程语言、语句，适合于专业的编程人员。

为了使编程人员免除记忆枯燥、烦琐的编程语言等麻烦，我国科技人员开发出了 YH 型和 CAXA 型绘图式编程技术。采用此技术，只需按照机械制图的步骤，在计算机屏幕上绘出待加工的零件图，计算机内部的软件即可自动将其转换成 3B 或 ISO 代码切割程序，非常简捷方便。

对于一些毛笔字或熊猫、大象等工艺美术品等复杂曲线图案的编程，可以使用数字化仪，通过描图法把图形直接输入计算机，或用扫描仪直接将图形扫描输入计算机，处理成一笔画，再经内部软件处理，编译成线切割成形。这些描图式输入器和扫描仪等直接输入图形的编程系统已有商品出售。图 5-18 所示为用扫描仪直接输入图形编程切割出的工件图形。

（a） （b） （c） （d）

图 5-18　用扫描仪直接输入图形编程切割出的工件图形

任务二　高速走丝线切割机床电极丝校正与定位

任务导入

电火花线切割加工精度取决于其定位精度和定形精度，而定位精度主要取决于线切割中电极丝的定位精度，下面为大家介绍高速走丝线切割机床电极丝的定位与补偿。

任务目标

知识目标

1. 掌握高速走丝线切割机床电极丝的校正

2. 掌握高速走丝线切割机床电极丝的定位

能力目标

能够完成高速走丝线切割机床电极丝的校正与定位

素质目标
培养分析和解决问题的能力

 知识链接

一、电极丝垂直度的校正

线切割机床有 U 轴和 V 轴，U、V 轴位于上丝架前端，轴上连接小型步进电动机进行驱动。U 轴与 X 轴平行，V 轴与 Y 轴平行，正负方向一致。因为有 U、V 轴，故线切割机床可以切割锥度、上下异形体。但 U、V 轴可能导致电极丝与工作台不垂直，所以在进行精密零件加工或切割锥度等情况下需要重新校正电极丝对工作台平面的垂直度。电极丝垂直度找正的常见方法有两种：一种是利用找正块，另一种是利用校正器。

1. 利用找正块进行火花法找正

找正块是一个六方体或类似六方体，如图 5 – 19（a）所示。在校正电极丝垂直度时，首先目测电极丝的垂直度，若明显不垂直，则调节 U、V 轴，使电极丝大致垂直工作台，然后将找正块放在工作台上，在弱加工条件下将电极丝沿 X 方向缓缓移向找正块。

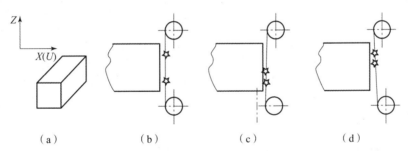

图 5 – 19　火花法校正电极丝垂直度

（a）找正块；（b）垂直度较好；（c）垂直度较差（右倾）；（d）垂直度较差（左倾）

当电极丝快碰到找正块时，电极丝与找正块之间产生火花放电，然后肉眼观察产生的火花：若火花上下均匀，如图 5 – 19（b）所示，则表明在该方向上电极丝垂直度良好；若下面火花多，如图 5 – 19（c）所示，则说明电极丝右倾，需将 U 轴的值调小，直至火花上下均匀；若上面火花多，如图 5 – 19（d）所示，则说明电极丝左倾，需将 U 轴的值调大，直至火花上下均匀。同理，调节 V 轴的值，使电极丝在 V 轴垂直度良好。

在用火花法校正电极丝的垂直度时，需要注意以下几点：

（1）找正块使用一次后，其表面会留下细小的放电痕迹，下次找正时，要重新换位置，不可用有放电痕迹的位置碰火花来校正电极丝的垂直度。

（2）在精密零件加工前，分别校正 U、V 轴的垂直度后，需要再检验电极丝垂直度校正的效果。具体方法是，重新分别从 U、V 轴方向碰火花，看火花是否均匀，若 U、V 方向上火花均匀，则说明电极丝垂直度较好；若 U、V 方向上火花不均匀，则重新校正，再检验。

（3）在校正电极丝垂直度之前电极丝应张紧，张力与加工中使用的张力相同。

（4）在用火花法校正电极丝垂直度时，电极丝要运转，以免电极丝断丝。

2. 用校正器进行校正

校正器是一个由触点与指示灯构成的光电校正装置，电极丝与触点接触时指示灯亮，它的灵敏度较高，使用方便且直观，底座用耐磨且不易不变形的大理石或花岗岩制成，如图5－20和图5－21所示。使用校正器校正电极丝垂直度的方法与火花法大致相同，主要区别是，火花法是观察火花上下是否均匀，而用校正器则是观察指示灯，若在校正过程中指示灯同时亮，则说明电极丝垂直度良好，否则需要校正。

在使用校正器校正电极丝的垂直度时要注意以下几点：

（1）电极丝停止走丝，不能放电。

（2）电极丝应张紧，且表面应干净。

（3）若加工零件精度高，则电极丝垂直度在校正后需要检查，其方法与火花法类似。

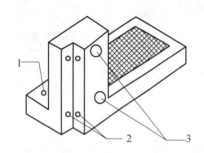

图5－20　垂直度校正器

1—导线；2—触点；3—指示灯

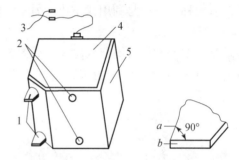

图5－21　DF55－J50A型垂直度校正器

1—上下测头（a、b为放大的测量面）；2—上下指示灯；
3—导线及夹子；4—盖板；5—支座

二、电极丝的定位

在线切割加工中，当工件在机床上找正后，需确定电极丝与工件基准面或基准线的相对位置，其目的是确定电极丝中心与工件切割坐标系切割起点的坐标值，保证工件的位置精度。常用的电极丝定位方法如下。

1. 利用机床自动定边与定中心功能确定电极丝位置

一般的线切割机床都具有自动找端面和找中心的功能。具体的原理和操作方法如下：

（1）自动找端面。通过检测电极丝与工件之间的短路信号来进行，可分为粗定位和精定位两种。把"增量进给"按键置于"×100"或"×1000"位置时为粗定位，把"增量进给"按键置于"×1"或"×10"位置时为精定位。对于高精度零件，要进行多次精定位，用平均值求出定位坐标值。

（2）自动找中心。找孔中心时，系统自动先后对 X、Y 两轴的正、负两方向定位，自动计算平均值，并定位在中点，先定位在圆 X 方向的中点，再定位在圆 Y 方向的中点，即该圆的圆心。影响自动找中心精度的关键是孔的精度、粗糙度及清洁程度，特别是热处理后孔的氧化层难以清除，最好先对定位孔进行磨削。

2. 利用手工定位的方法确定电极丝位置

自动找端面功能和自动找中心功能的定位精度受到接触面表面粗糙度和接触面是否清洁

的影响，因此需要进行重复多次的定位；另外自动找端面和找中心功能的效率比较低，因此在实际生产中经常使用手工定位的方法。常用的定位方法有以下几种。

1）火花法

火花法利用电极丝与工件在一定间隙下放电产生的火花来确定电极丝坐标位置。该方法操作方便、应用较广，但精度受操作者水平与放电间隙的影响，并且会在工件基准面上留下电蚀痕迹，不适合用于精度要求较高的工件定位。

2）目测法

对加工精度要求较低的工件，可直接采用目测法或借助放大镜来观察、确定电极丝和工件基准的相互位置，主要有以下两种情况：

（1）工件在机床上装夹找正后，观测电极丝与工件基准面的初始接触位置，记下相应的 X、Y 坐标或刻度对零，操作方法与火花法基本相同，但不能开运丝电动机、工作液与高频电源，此时的坐标值比火花法少了一个放电间隙。

（2）观测基准线法是观测电极丝与穿丝孔纵、横方向十字基准线的相对位置，摇动纵或横向丝杠手柄，使电极丝中心分别与纵、横方向基准线重合，此时的坐标就是电极丝的中心位置。

目测法的精度一般，由于观测时操作者对着光线较强的方向，故眼睛容易疲劳。但其比火花法减少了电极丝抖动与放电间隙带来的影响，如采用显微镜对刀仪进行观察，则可明显提高观测精度。

3）电阻法

电阻法是利用电极丝与工件基准面由绝缘到短路接触的瞬间，两者间电阻突变的特点来确定电极丝相对于工件基准的坐标位置的。

3. 夹具靠定法

在小批量生产中，为了提高生产效率，将夹具的基准面在机床上找正后，用上述方法确定电极丝与夹具基准面的位置，每次更换工件时只要将工件的基准面靠上去，即可确定电极丝与工件基准的坐标。

下面我们通过实例进行学习。北京阿奇工业电子有限公司、日本沙迪克公司等企业的接触感知代码为 G80。如 "G80 X－;"，表示电极丝沿 X 轴负方向前进，直到接触到工件，然后停止。

如图 5－22 所示，ABCD 为矩形工件，矩形件中有一直径为 φ30 mm 的圆孔，现欲将该孔扩大到 φ35 mm。已知 AB、BC 边分别为设计、加工基准，电极丝直径为 0.18 mm，请写出相应的操作过程及加工程序。

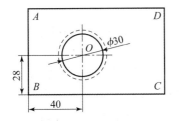
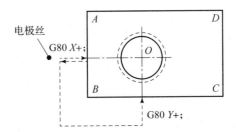

图 5－22 零件加工示意图

此任务主要分两部分完成，首先是电极丝定位于圆孔的中心，其次是写出加工程序。电极丝定位于圆孔的中心有两种方法。

（1）利用设计基准找中心。首先，电极丝碰 AB 边，X 值清零，再碰 BC 边，Y 值清零；其次解开电极丝到坐标值（40.09，28.09）。具体过程如下。

①清理孔内部毛刺，将待加工零件装夹在线切割机床工作台上，利用千分表找正，尽可能使零件的设计基准 AB、AC 基面分别与机床工作台的进给方向 X、Y 轴保持平行。

②用手控盒或操作面板等方法将电极丝移到 AB 边的左边，大致保证电极丝与圆孔中心的 Y 坐标相近（尽量消除工件 ABCD 装夹不佳带来的影响，理想情况下工件的 AB 边应与工作台的 Y 轴完全平行，而实际很难做到）。

③用 MDI 方式执行指令。

G80 X + ;

G92 X0;

M05 G00 X – 2;

注：M05 为忽略接触感知指令。电极丝与工件接触后短路，通常不能直接移动，需要忽略接触感知再移动。

④用手控盒或操作面板等方法将电极丝移到 BC 边的下边，大致保证电极丝与圆孔中心的 X 坐标相近。

⑤用 MDI 方式执行指令。

G80 Y + ;

G92 Y0;

T90; //仅适用于慢走丝，目的是自动剪丝；对快走丝机床，则需手动解开电极丝

G00 X40.09 Y28.09;

⑥为保证定位准确，往往需要确认定位结果。具体方法是：在找到的圆孔中心位置用 MDI 或别的方法执行指令"G55 G92 X0 Y0;"，然后再在 G54 坐标系（G54 坐标系为机床默认的工作坐标系）按前面步骤①~④所示的方法重新找圆孔中心位置，并观察该位置在 G55 坐标系下的坐标值，若 G55 坐标系的坐标值与（0，0）相近或刚好是（0，0），则说明找正较准确，否则需要重新找正，直到最后两次中心孔在 G55 坐标系的坐标相近或相同为止。

（2）利用"自动找中心"按钮找中心。将电极丝在孔内穿好，然后按控制面板上的"找中心"菜单即可自动找到圆孔的中心，具体过程如下。

①清理孔内部毛刺，将待加工零件装夹在线切割机床工作台上。

②将电极丝穿入圆孔中。

③按下"自动找中心"按钮找中心，记下该位置的坐标值。

④再次按"找中心菜单"找中心，对比当前的坐标和上一步得到的坐标值，若数字重合或相差很小，则认为找中心成功。

两种方法比较起来，利用"自动找中心"按钮操作简便、速度快，适用于圆度较好的孔或对称形状的孔状零件加工，但若由于磨损等造成孔不圆，则不宜采用。而利用设计基准找中心不但可以精确找到对称形状的圆孔和方孔等的中心，还可以精确定位于各种复杂孔形零件内的任意位置。所以，虽然该方法较复杂，但在用线切割修补塑料模具

中仍得到了广泛的应用。

综上所述，两种方法各有优劣，关键是要采用有效的手段进行确认。一般来说，线切割的找正要重复几次，至少保证最后两次找正位置的坐标值相同或相近。通过灵活使用上述定位方法，能够实现电极丝定位精度在 0.005 mm 以内，从而有效地保证加工的定位精度。

任务实施

1. 工件装夹校正

本项目精度要求不高，采用角尺放在工作台横梁边进行简单校正工件即可。

2. 电极丝校正

按照电极丝的校正方法，用校正块法校正电极丝。

3. 电极丝的定位

如图 5 – 23 所示，用手控盒或操作面板等方法将电极丝（假设电极丝的半径为 0.09 mm）移到工件的右边，在图 5 – 23 中的①位置执行指令"G80 X – ；G92 X0；"。用手控盒将电极丝移到②位置执行指令"G80 Y – ；G92 Y0；"。这样即建立了一个工件坐标系 O_1，如工件右上角放大图 5 – 24 所示，对照图 5 – 23 穿丝孔相对于 N 点的位置，得到图 5 – 24 中穿丝孔 O 点的坐标为（– 6.09，2.91）。最后执行指令"M05 G00 X – 6.09 Y2.91；"，电极丝即移到穿丝孔 O 点。

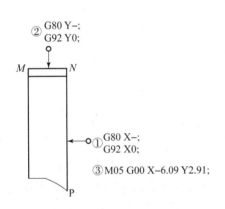

图 5 – 23 电极丝定位示意图

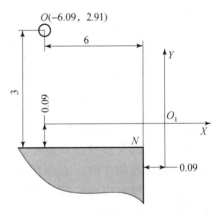

图 5 – 24 工件右上角放大图

定位分析如下：

（1）图 5 – 24 实际上有两个坐标。穿丝孔 O 点与工件右上角 N 点的相对位置为（$\Delta x = -6$，$\Delta y = 3$），在图 5 – 24 中，坐标原点在 O_1 点，在工件坐标系 O_1 下，穿丝孔 O 点的坐标为（– 6.09，2.91）。

（2）在线切割中画图与电极丝定位时，通常用到两个坐标系。画图的坐标系是工件加工时用到的坐标系；而电极丝定位的工件坐标系仅用于定位，以便于电极丝准确定位于穿丝孔。本项目任务一有语句"G92 X_Y_；"，对本任务则是"G92 XI9. Y38；"，这样，程序首先将工件坐标系的原点设定为画图时的坐标原点，则画图时的坐标系就成为工件加工时的工件坐标系。

任务拓展

电火花线切割工艺的扩展应用

1. 加工材料的拓展

1）绝缘陶瓷电火花线切割

绝缘陶瓷材料因其优异的材料性能，已越来越广泛地应用于航空航天、石油化工、机械制造业等领域，采用陶瓷材料制成的模具、发动机涡轮和主轴，因其良好的特性而备受青睐，具有广阔的应用前景。但因其硬度大、强度高、易脆等特点，传统切削加工较困难，刀具磨损严重，加工效率低，成本高，限制了其发展与应用。20 世纪 90 年代，研究人员利用辅助电极法，针对不同材质的绝缘陶瓷进行了电火花线切割加工，其加工原理如图 5 – 25 所示。

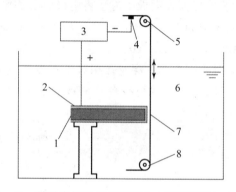

图 5 – 25　辅助电极法绝缘陶瓷电火花线切割加工原理

1—绝缘陶瓷；2—导电层；3—脉冲电源；4—导电块；5—丝轮；6—煤油；7—电极丝；8—丝轮

绝缘陶瓷工件安装在机床工作台上进行轨迹运动，加工用的工作液为煤油，且整个工件和电极丝放电部分浸没在煤油中，电极丝为钼丝或黄铜丝并做往复或单向运动。在对绝缘陶瓷材料进行加工时，必须预先对陶瓷工件进行表面导电化处理，使其表面覆盖导电层，电极丝与导电层放电后，产生的高温使放电间隙内的煤油裂解，裂解的碳胶团吸附在绝缘陶瓷工件表面又会形成一层新的导电膜，导电膜与外部表面的导电层一起构成辅助电极。导电膜不断被火花放电蚀除，同时又依靠碳胶团吸附在工件表面而不断生成，使得加工得以不断延续。

2）高阻半导体电火花线切割加工

随着现代信息社会的飞速发展，半导体材料因其对光、热、电、磁等外界因素变化十分敏感这一独特的电学性质，成为尖端科学技术中应用最为活跃的先进材料，特别是在通信、家电、工业制造、国防工业、航空、航天等领域中具有十分重要的作用。最典型的半导体材料有硅、锗、砷化镓等。对于电阻率 <0.11 Ω·cm 的低阻半导体材料，电火花线切割的效率很高，但高阻半导体材料（电阻率 >1 Ω·cm）具有与金属材料不同的特殊电特性，虽然其具有一定的导电性，但是它的电阻率要比金属材料高出 3～4 个数量级，故对它们进行电火花加工仍是一件十分困难的事情。

2. 加工功能的拓展

普通的电火花线切割机床可以进行四轴联动，通过 X、Y 和 U、V 四轴联动功能切割上下异形截面，但无法加工出螺旋表面、双曲线表面和正弦曲面等复杂表面。如果增加一个数控分度转台附件，将工件装在用步进电动机驱动的数控回转台附件上，采取数控移动和数控转动相结合的方式编程，用 θ 角方向的单步转动来代替 Y 轴方向的单步移动，则可完成上述复杂曲面的加工，如图 5－26 ~ 图 5－32 所示。

图 5－26（a）所示为在 X 轴或 Y 轴方向切入后，工件仅按 θ 轴单轴伺服转动，可以切割出如图 5－26（b）所示的腰鼓形、冷凝塔形的双曲面体。图 5－27 所示为 X 轴与 θ 轴联动插补（按极坐标 ρ、θ 数控插补）线切割加工阿基米德螺旋线平面凸轮。

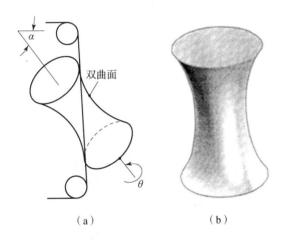
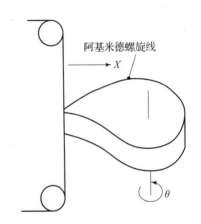

图 5－26　工件倾斜、数控回转线切割加工双曲面零件　　　图 5－27　X 轴与 θ 轴联动插补线切割
（a）双曲面原理图；（b）双曲面体外形　　　　　　　　　　加工阿基米德螺旋线平面凸轮

图 5－28（a）中钼丝自工件中心平面沿 X 轴切入后与 θ 轴转动，二轴数控联动，可以"一分为二"地将一个圆柱体切成两个"麻花"瓣螺旋曲面零件，图 5－28（b）所示为其切割出的一个螺旋曲面零件。图 5－29（a）中钼丝自穿孔或中心平面切入后与 θ 轴联动，钼丝在 X 轴方向往复移动数次，θ 轴转动一圈即可切割出两个端面为正弦曲面的零件，如图 5－29（b）所示。图 5－30（a）所示为切割窄螺旋槽的原理，带有窄螺旋槽的套管可用作机器人等精密传动部件中的挠性接头。钼丝沿 Y 轴侧向切入至中心平面后，一边沿 X 轴移动，一边与工件按 θ 轴转动相配合，可切割出如图 5－30（b）所示的带窄螺旋槽的套管，其扭转刚度很高、弯曲刚度则稍低，可用作精密传动中的弹性接头。

图 5－31（a）所示为切割八角宝塔的原理，它最早是由苏州电加工机床研究所李梦辰工程师按苏州北寺塔的形状，创新性地加工出来的。其优点在于不需要数控转动，只需人工分度即可加工出多维复杂立体曲面。钼丝自塔尖切入，在 X、Y 轴向按宝塔轮廓在水平面内的投影二轴数控联动，切割到宝塔底部后，钼丝空走回到塔尖，工件作八等分分度（转 45°），再进行第二次切割。这样经分度七次、切割八次即可切割出如图 5－31（b）所示的八角宝塔。图 5－32（a）所示为切割四方扭转锥台的原理，它需三轴联动插补，其轨迹为一斜线，同时又与工件的 θ 轴转动联动，进行三轴数控插补，即可切割出扭转的锥面。切割

完一面后，进行90°分度，再切割第二面。这样经分度三次、切割四次，即可切割出四方扭转锥台，如图5-32（b）所示。

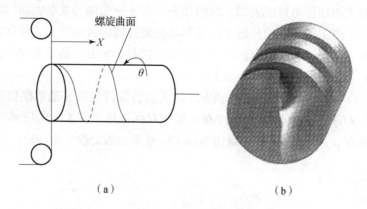

（a）　　　　　　　　　　　　　　　（b）

图5-28　数控移动加转动线切割加工螺旋曲面

（a）螺旋曲面线切割加工原理；（b）螺旋曲面零件

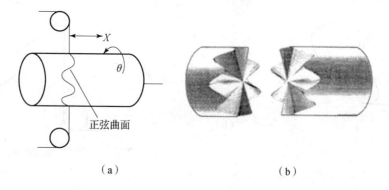

（a）　　　　　　　　　　　　　　　（b）

图5-29　数控往复移动加线切割加工正弦曲面

（a）切割正弦曲面的原理；（b）端面为正弦曲面的零件

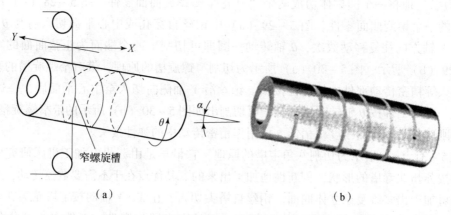

（a）　　　　　　　　　　　　　　　（b）

图5-30　数控移动加转动线切割加工窄螺旋槽

（a）切割窄螺旋槽的原理；（b）带有窄螺旋槽的套管

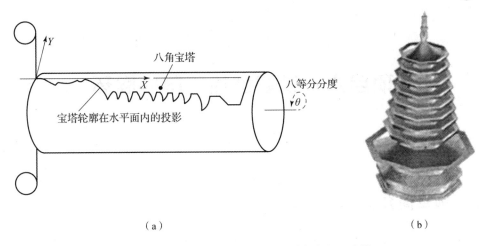

（a）　　　　　　　　　　　　　（b）

图 5－31　数控二轴联动加工分度线切割加工宝塔

（a）切割八角宝塔的原理；（b）八角宝塔零件

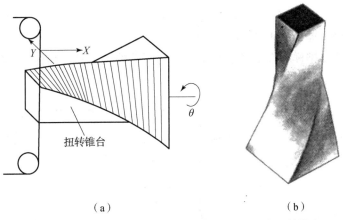

（a）　　　　　　　　　　　　　（b）

图 5－32　数控三轴联动加工分度线切割加工四方扭转锥台

（a）加工原理；（b）外形图

　　以上线切割工艺的扩展应用，是对国内外线切割机床设备的改装和工艺范围内的扩展，在 1980 年就已开创了先例，这说明数控电火花线切割机床设备和工艺的扩展还有很多潜力可以挖掘，期待人们用创新性思维去发明和发展。

项目六 线切割加工同心圆环

项目简介

在实际生产中经常碰到需要多次线切割的情况，如连续加工若干个孔类零件及类似冲压里面的冲孔落料零件。图6-1所示为一个同心圆零件，用线切割加工，需要首先切割直径为$\phi15$ mm 的孔，再在毛坯上切割直径为$\phi30$ mm 的圆盘。同一零件需要用线切割加工两次或两次以上，最好用跳步加工。跳步加工就是将多个切割加工编成一个程序，省去每次加工电极丝定位的过程，提高加工效率。

本项目需要按照排样图在毛坯的每个部位切割零件。注意：编程时穿丝孔的位置与在毛坯上打穿丝孔的位置要匹配。

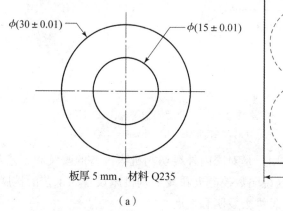

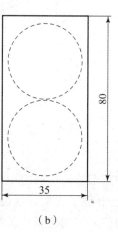

板厚5 mm，材料 Q235

（a）

（b）

图6-1 同心圆零件图

（a）零件图；（b）排样图

项目分解

任务一 高速走丝线切割机床的上丝及穿丝

任务二 高速走丝线切割加工问题分析

项目目标

知识目标

1. 掌握跳步加工方法
2. 熟练编制 ISO 程序
3. 掌握非电参数对线切割加工的影响

能力目标

1. 能熟练完成高速走丝线切割机床的上丝和穿丝
2. 能处理加工中出现的问题
3. 能完成常见零件的高速线切割加工

素质目标

1. 培养安全规范的生产意识
2. 培养严谨认真的工作作风

任务一 高速走丝线切割机床的上丝及穿丝

任务导入

电火花线切割加工中，电极丝的安装正确与否，直接关系到加工后工件质量的好坏。只有正确完成上丝、穿丝和电极丝的校正这 3 个重要环节，才能为后续的工件加工提前做好准备。

任务目标

知识目标

1. 掌握高速走丝线切割机床的上丝
2. 掌握高速走丝线切割机床的穿丝

能力目标

能够完成高速走丝线切割机床的上丝和穿丝

素质目标

培养分析和解决问题的能力

知识链接

一、高速走丝线切割机床上丝操作

上丝的过程是将电极丝从丝盘绕到快走丝线切割机床储丝筒上的过程，也可称为绕丝。

不同的机床操作可能略有不同，下面以北京阿奇公司的 FW 系列为例说明上丝要点，如图 6 - 2 所示。

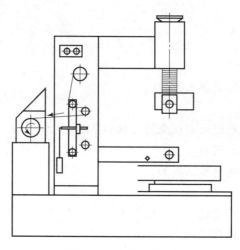

图 6 - 2　上丝示意图

（1）上丝以前要先移开左、右行程开关，再启动丝筒，将其移到行程左端（见图 6 - 3）或右端极限位置（目的是将电极丝上满，如果不需要上满，则需与极限位置有一段距离）。

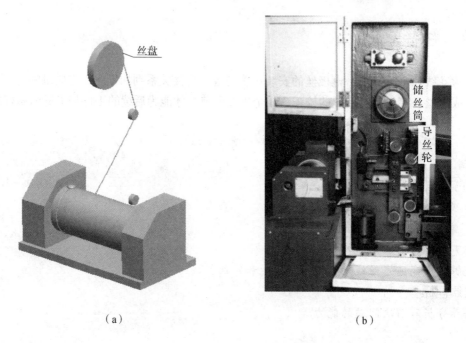

（a）　　　　　　　　　　　　　　　（b）

图 6 - 3　丝筒及机床上丝机构
（a）开始上丝移动丝筒示意图；（b）机床上丝机构

（2）在上丝过程中要打开上丝电动机启停开关，如图 6 - 4 所示，并旋转上丝电动机电压调节按钮，以调节上丝电动机的反向力矩（目的是保证上丝过程中电极丝有均匀的张力，避免电极丝打折）。

138

（3）按照机床操作说明书中上丝示意图的提示将电极丝从丝盘上到储丝筒上。

二、高速走丝线切割机床穿丝操作

（1）穿丝前先观察 Z 轴的高度是否合适，如不合适首先要调节 Z 轴高度，穿丝后 Z 轴的高度不能调节。通常在不影响加工的前提下，Z 轴的高度越小，越有利于减小电极丝的振动。

（2）拉动电极丝头，按照操作说明书说明依次绕接各导轮、导电块至储丝筒，如图 6 – 5 所示。在操作过程中要注意手的力度，防止电极丝打折。

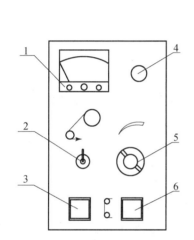

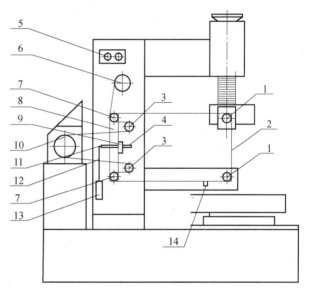

图 6 – 4　储丝筒示意图

1—上丝电动机电压表；2—上丝电动机启停开关；
3—储丝筒运转开关；4—紧急停止开关；
5—上丝电动机电压调整开关；
6—储丝筒停止开关

图 6 – 5　穿丝示意图

1—主导轮；2—电极丝；3—辅助导轮；4—直线导轨；
5—工作液旋钮；6—上丝盘；7—张紧导轮；
8—移动板；9—导轨滑块；10—储丝筒；
11—定滑轮；12—绳索；
13—重锤；14—导电块

（3）穿丝开始时，首先要保证储丝筒上的电极丝与辅助导轮、张紧导轮、主导轮在同一个平面上，否则在运丝过程中，储丝筒上的电极丝会重叠，从而导致断丝。如图 6 – 6（a）和图 6 – 6（c）所示操作正确，分别从左端和右端穿丝；如图 6 – 6（b）所示操作错误，穿丝时会叠丝。

（4）穿丝中要注意控制左、右行程挡杆，使储丝筒左、右往返换向时，储丝筒左、右两端留有 3~5 mm 的余量。

（5）穿丝后调节左右行程开关，运转电极丝。试运行时手要放在如图 6 – 4 所示的储丝筒停止开关 6 上方，如有异常，则立即停止丝筒运转。注意要保证电极丝在导丝槽里，并且在导电块上面。

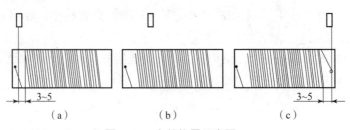

图 6-6 上丝位置示意图

(a) 左端上丝位置；(b) 错误上丝位置；(c) 右端上丝位置

 任务实施

本任务的过程为：工艺分析、工件准备（工件钻穿丝孔、工件装夹及校正）、编制加工程序、电极丝准备（上丝和穿丝、电极丝定位和校正）、加工等。

一、加工准备

1. 工艺分析

1）加工轮廓位置确定

为了提高零件精度，在工件上钻穿丝孔。分析确定线切割加工轮廓同心圆在毛坯上的位置，如图 6-7 虚线所示。穿丝孔分别为 A、D，起割点分别为 B、C。为了减少空切割行程，穿丝孔中心到起割点的距离为 4 mm。

2）画图及编程

根据上面设计的加工轮廓在工件上的位置及穿丝孔的位置，画图并选定穿丝孔、起割点。圆心坐标为 (0, 0)，直径分别为 $\phi15$ mm、$\phi30$ mm。编程时，首先切割直径为 15 mm 的孔，输入穿丝孔 A 的坐标 (0, 3.5)，起割点 B 的坐标为 (0, 7.5)，切割方向可以任意选，如果顺时针加工，则为右刀补。采用半径为 $\phi0.09$ mm 的电极丝，通常单边放电间隙为 0.01 mm，因此补偿量为 0.1 mm；再选择加工直径为 $\phi30$ mm 的圆盘，输入穿丝孔 D 的坐标 (0, 19)，输入起割点 C 的坐标 (0, 15)。在编程时，同一个程序只能有一种刀补（G41、G42 只能选一个），由于前面直径 $\phi15$ mm 的圆孔（凹形）选择右刀补，因此加工直径 $\phi30$ mm 的圆盘（凸形）时应选择逆时针加工方向（右刀补）。

3）装夹方法确定

本任务采用悬臂支撑装夹的方式来装夹。

2. 工件准备

（1）按照图 6-7 所示穿丝孔的位置设计图在坯料上划线，确定穿丝孔 A、D 位置，然后用钻床或电火花打孔机打孔，打孔后清理干净孔内的毛刺。

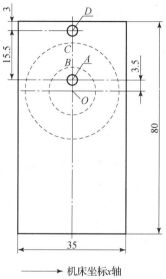

图 6-7 轨迹位置设计图

（2）本项目用高速走丝机床在毛坯上切割同心圆，装夹时采用悬臂支撑即可，可用角尺放在工作台横梁边简单校正工件，也可以用电极丝沿着工件边缘移动，通过观察电极丝与工件缝隙大小的变化来校正。装夹时应根据设计图来进行装夹，不要使毛坯长为 35 mm 的边与机床 Y 轴平行（如果 35 mm 的边与机床 Y 轴平行，编程时穿丝孔及起割点的 X、Y 坐标值应该互换）。

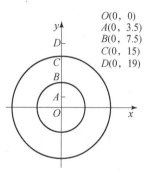

图 6-8 轨迹编程坐标

3. 程序编制

（1）绘图、编程。如图 6-8 所示，绘图、编程。

（2）按照机床说明，在指导教师的帮助下生成数控程序，参考程序如下：

```
010 H000 = +00000000     H001 = +00000100;
020 H005 = +0000000;T84 T86 G54 G90 G92 X+0 Y+3500;//定义穿丝孔的坐标，
建立工件坐标系
030 C007;
040 G01 X+0 Y+6500;G04 X0.0 +H005;
050 G42 H000;
060 C001;
070 G42 H000;
080 G01 X+0 Y+7500;G04 X0.0 +H005;
090 G42 H001;
100 G02 X+0 Y-7500 I+0 J-7500;G04 X0.0 +H005;
110 X+0 Y+7500 I+0 J+7500;G04 X0.0 +H005;
```

```
120 G40 H000 G01 X +0 Y +6500;
130 M00;①
140 C007;
150 G01 X +0 Y +3500;G04 X0.0 +H005;//从哪里开始加工,就从哪里结束加工
160 T85 T87;
170 M00;②
180 M05 G00 X0;
190 M05 G00 Y19000;//电极丝移到下一个穿丝孔 D
200 M00;③
210 H000 = +00000000      H001 = +00000100;
220 H005 = +00000000;T84 T86 G54 G90 G92 X +0 Y +19000;
230 C007;
240 G01 X +0 Y +16000;G04 X0.0+H005;
250 G42 H000;
260 C001;
270 G42 H000;
280 G01 X +0 Y +15000;G04 X0.0+H005;
290 G42 H001;
300 G03 X +0 Y −15000 I +0 J −15000;G04 X0.0+H005;
310 X +0 Y +15000 I +0 J +15000;G04 X0.0+H005;
320 G40 H000 G01 X +0 Y +16000;
330 M00;④
340 C007;
350 G01 X +0 Y +19000;G04 X0.0+H005;//从哪里开始加工,就从哪里结束加工
360 T85 T87 M02;
```

4. 电极丝准备

（1）电极丝上丝。选择北京阿奇 FW 型机床,将装有电极丝的丝盘固定在上丝装置的转轴上,把电极丝通过导丝轮引向储丝筒上方,如图 6 – 9 所示,用螺钉紧固。打开张丝电动机电源开关,通过张丝调节旋钮调节电极丝的张力后,摇动手动摇把使储丝筒旋转,同时向右移动,电极丝以一定的张力均匀地盘绕在储丝筒上。绕完丝后,关掉上丝电动机启停开关,剪断电极丝,即可开始穿丝。

北京阿奇 FW 型机床电极丝的速度大于 8 m/s,不可调节,因此要手动上丝。对于部分机床,电极丝速度可调,如深圳福斯特机床速度有 3 m/s、6 m/s、9 m/s、12 m/s 等,上丝时可以用 3 m/s 的转速将电极丝从丝盘绕到储丝筒上。

（2）穿丝。按本任务的穿丝方法完成穿丝。

（3）电极丝校正。按照电极丝的校正方法,用校正块法校正电极丝。

（4）电极丝的定位。松开电极丝，移动工作台，通过目测将工件穿丝孔 A 移到电极丝穿丝位置进行穿丝，再目测将电极丝移到穿丝孔中心。（思考，此时为什么不用精确定位到孔中心？）

二、加工

启动机床加工。加工时，机床有 4 个地方暂停（见程序 M00 代码）。加工中暂停的作用如下：

M00（1）的含义为：暂停，直径为 15 mm 的孔里的废料可能会掉下，提示拿走。

M002（2）的含义为：暂停，直径为 15 mm 的孔已经加工完，提示解开电极丝，准备将机床移到另一个穿丝孔。

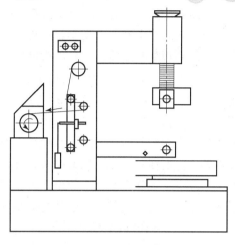

图 6 - 9　上丝示意图

M00（3）的含义为：暂停，准备在当前的穿丝孔位置穿丝。

M00（4）的含义为：暂停，同心圆零件可能会掉下，提示拿走。

加工前应注意安全，加工后注意打扫卫生，保养机床。取下工件，测量相关尺寸，并与理论值相比较。若尺寸相差较大，则分析原因。

通过任务的实施，总结跳步加工的优缺点：

（1）电极丝自动移动到下一个轮廓的穿丝孔，省去了第二个轮廓电极丝定位过程，电极丝定位准确，轮廓与轮廓不会错位。对于能自动穿丝、自动剪断电极的高级机床来说，可以长时间实现无人自动化加工，节约成本。

（2）跳步加工编程时的穿丝孔与实际穿丝孔位置应对应，否则将造成轮廓错位。断丝时，由于程序较长，需要修改程序，因此，读者应非常熟练掌握 ISO 代码，特别是在低速走丝线切割加工中。

 任务拓展

一、电火花线切割加工的主要工艺指标

1. 切割速度和切割效率

在保持一定的表面粗糙度的切割过程中，单位时间电极丝中心线在工件上切出面积的总和称为切割速度，单位为 mm²/min。最高切割速度是指在不计切割方向和表面粗糙度等的条件下，所能达到的切割速度。通常高速走丝切割速度为 80 ~ 180 mm²/min，它与加工电流的大小有关。为了比较输出电流不同的脉冲电源的切割效果，将每安培电流的切割速度称为切割效率，一般切割效率为 20 mm²/（min·A），即属于中、上等的加工水平。

2. 表面粗糙度

和电火花加工表面粗糙度一样，我国和欧洲常用轮廓算术平均偏差 Ra（μm）来表示，而日本常用 R_{max}（μm）来表示。高速走丝线切割一般的表面粗糙度为 $Ra5 ~ 2.5$ μm，最佳也

只有 $Ra1$ μm 左右；低速走丝线切割一般可达 $Ra1.25$ μm，最佳可达 $Ra0.04$ μm。

用双向高速走丝方式切割钢工件时，在切割表面的进、出口两端附近往往有黑白相间的条纹，仔细观察时能看出黑色的微凹、白色的微凸。电极丝每正、反向换向一次，便有一条窄的黑白条纹，如图 6-10（a）所示，这是由于工作液出、入口处的供应状况和蚀除物的排除情况不同所造成的。如图 6-10（b）所示，电极丝入口处工作液供应充分、冷却条件好、蚀除量大，但蚀除物不易排出，工作液在放电间隙中高温热裂分解出的炭黑和钢中的碳微粒被移出的钼丝带入间隙，致使放电产生的炭黑等物质凝聚附着在该处加工表面上，使该处呈黑色。而在出口处工作液减少，冷却条件差，但因靠近出口排除蚀除物的条件好，又因为工作液少、蚀除量小，在放电产物中炭黑也较少，且放电常在小气泡等气体中发生，因此表面呈白色。由于在气体中的放电间隙比在液体中小，所以电极丝入口处的放电间隙比出口处大，如图 6-10（c）所示。

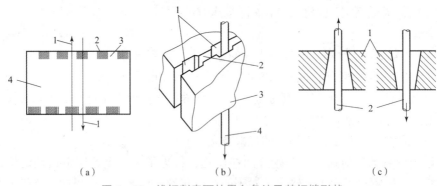

图 6-10　线切割表面的黑白条纹及其切缝形状

（a）电极丝往复运动产生的黑白条纹；

1—电极丝运动方向；2—微凹的黑色部分；3—微凸的白色部分；4—工件

（b）电极丝入口和出口处的宽度；

1—入口；2—出口；3—工件；4—电极丝

（c）电极丝不同走向处的断面图

1—工件；2—电极丝

3. 电极丝损耗量

对于双向高速走丝机床，用电极丝在切割 10 000 mm² 面积后直径的减小量来表示电极丝损耗量，一般每切割 10 000 mm² 后，钼丝直径减小量不应大于 0.01 mm。

4. 加工精度

加工精度是指所加工工件的尺寸精度、形状精度（如直线度、平面度、圆度等）和位置精度（如平行度、垂直度、倾斜度等）的总称。高速走丝线切割的可控加工精度为 0.01~0.02 mm，低速走丝线切割可达 0.002~0.005 μm。

影响电火花加工工艺指标的各种因素在模块一中已作介绍，这里仅就电火花线切割工艺的一些特殊问题进行补充。

二、电参数的影响

1. 脉冲宽度 t_i

通常脉冲宽度 t_i 加大时加工速度提高而表面粗糙度变差，一般 $t_i = 2~60$ μs，在分组脉冲及光整加工时，t_i 可小至 0.5 μs 以下。

2. 脉冲间隔 t_0

脉冲间隔 t_0 减小时平均电流增大，切割速度加快，但 t_0 不能过小，以免引起电弧和断丝，一般取 $t_0 = (4 \sim 8)t_i$。在刚切入或进行大厚度加工时，应取较大的 t_0 值。

3. 开路电压 $\hat{u}_i$

该值会引起脉冲峰值电流和放电加工间隙的改变。$\hat{u}_i$ 提高，加工间隙增大，排屑变易，能提高切割速度和加工稳定性，但易造成电极丝振动。通常 $\hat{u}_i$ 的提高还会使电极丝损耗加大。

4. 脉冲峰值电流 $\hat{i}_e$

这是决定单个脉冲能量的主要因素之一。$\hat{i}_e$ 增大时，切割速度提高，表面粗糙度值增大，电极丝相对损耗加大甚至断丝。一般 $\hat{i}_e$ 小于 40 A，平均电流小于 5 A。单向低速走丝线切割加工时，因脉冲宽度很窄、电极丝较粗，且仅使用一次，故 $\hat{i}_e$ 常大于 100 A，甚至达到 1 000 A。

5. 放电波形

在相同的工艺条件下，高频分组脉冲常常能获得较好的加工效果。当电流波形的前沿上升比较缓慢时，电极丝损耗较少，不过当脉冲宽度很窄时，必须有陡的前沿才能进行有效的加工。

三、非电参数的影响

1. 电极丝及其移动速度对工艺指标的影响

双向高速走丝线切割机床广泛采用 $\phi 0.06 \sim \phi 0.20$ mm 的钼丝，因为它耐损耗、抗拉强度高、丝质不易变脆且较少断丝。提高电极丝的张力可减轻电极丝振动的影响，从而提高精度和切割速度。电极丝张力的波动对加工稳定性影响很大，产生波动的原因是：导轮、导轮轴承磨损偏摆、跳动；电极丝在卷丝筒上缠绕松紧不均；正、反向运动时张力不一样；工作一段时间后电极丝伸长，张力下降。

采用恒张力装置可以在一定程度上改善电极丝张力的波动。电极丝的直径决定了切缝宽度和允许的峰值电流。最高切割速度一般都是用较粗的电极丝实现的。在切割小规模齿轮等复杂零件时，采用细电极丝才能获得精细的形状和很小的圆角半径。随着走丝速度的提高，在一定的范围内，加工速度也提高。提高走丝速度有利于电极丝把工作液带入较大厚度工件的放电间隙中，有利于电蚀产物的排除和放电加工的稳定。但走丝速度过高将加大机械振动，降低精度和切割速度，表面粗糙度值也增大，并易造成断丝。因此走丝速度一般以小于 10 m/s 为宜。

对于单向低速走丝线切割机床，电极丝的材料和直径有较大的选择范围。高生产率时可用 0.3 mm 以下的镀锌黄铜丝，允许较大的峰值电流和气化爆炸力；精微加工时可用 0.03 mm 以上的钼丝和钨丝。如果电极丝张力均匀，振动较小，则加工稳定性、表面粗糙度、精度指标等均较好。

2. 工件厚度及材料对工艺指标的影响

工件薄，工作液容易进入并充满放电间隙，对排屑和消电离有利，加工稳定性好。但工件太薄，电极丝易产生抖动，对加工精度和表面粗糙度不利。工件厚，工作液难以进入和充满放电间隙，加工稳定性差，但电极丝不易抖动，因此精度较高、表面粗糙度较小。切割速度先随厚度的增加而增加，当达到某一最大值（一般最佳切割厚度为 50～100 mm）后开始下降，这是因为厚度过大时，冲液和排屑条件变差。

工件材料不同，其熔点、气化点、热导率等都不一样，因而加工效果也不同。例如采用乳化液加工：

（1）加工铜、铝、淬火钢时，加工过程稳定，切割速度高。

（2）加工不锈钢、磁钢、未淬火高碳钢时，切割速度低，稳定性及表面质量差。

（3）加工硬质合金时比较稳定，切割速度较低，表面粗糙度值小。

3. 预置进给速度对工艺指标的影响

预置进给速度（指进给速度的调节设定量，又称变频调节）对切割速度、加工精度和表面质量的影响很大，因此，应调节预置进给速度，保持加工间隙恒定在最佳值上。这样可使有效放电状态的概率和比例大，而开路和短路的比例小，使切割速度达到给定加工条件下的最大值，相应加工精度和表面质量也好。如果预置进给速度调节得太快，超过工件可能的蚀除速度，会出现频繁的短路现象，切割速度反而降低，表面粗糙度值增大，上、下端面切缝呈焦黄色，甚至可能断丝；反之，预置进给速度调得太慢，大大落后于工件可能的蚀除速度，极间将偏于形成开路，有时会时而开路时而短路，上、下端面切缝也呈焦黄色。这两种情况都会大大影响工艺指标。因此，应按电压表、电流表调节进给旋钮，使表针稳定不动，此时进给速度均匀、平稳，是线切割加工速度和表面粗糙度的最佳状态。

此外，机械部分的精度（如导轨、轴承、导轮等的磨损、传动误差）和工作液的种类、浓度及其脏污程度都会对加工效果产生相当大的影响。当导轮、轴承偏摆，工作液上、下冲水不均匀时，会使加工表面产生上、下凹凸相间的条纹，恶化工艺指标。

四、合理选择电参数

1. 要求切割速度高时

当脉冲电源的空载电压高、短路电流和脉冲宽度大时，切割速度高，但是切割速度和表面粗糙度的要求是互相矛盾的，所以，必须在满足表面粗糙度要求的前提下再追求高的切割速度。切割速度还受到间隙消电离的限制，也就是说，脉冲间隔也要适宜，不能太小。

2. 要求表面粗糙度值低时

若切割的工件厚度在 80 mm 以内，则选用分组波脉冲电源为好，与同样能量的矩形波脉冲电源相比，在相同的切割速度条件下，可以获得较低的表面粗糙度值。

无论是矩形波还是分组波，其单个脉冲能量小，则 Ra 值小，即当脉冲宽度小、脉冲间隔适当、峰值电压低、峰值电流小时，表面粗糙度值可较小，但切割速度偏低。

3. 要求电极丝损耗小时

应选用前阶梯脉冲波形或脉冲前沿上升缓慢的波形，由于这种波形电流的上升率低（即 d_i/d_t 小），故可以减小电极丝损耗，但切割速度也会降低。

4. 要求切割厚工件时

选用矩形波、高电压、大电流、大脉冲宽度和大脉冲间隔，并加大冲液流量和流速，可充分消电离，从而保证加工的稳定性。

若加工模具厚度为 20~60 mm，表面粗糙度为 $Ra1.6~3.2$ μm，则脉冲电源的电参数可在以下范围内选取：

脉冲宽度：4~20 μs；

脉冲电压：60~80 V；

功率管数：3~6 个；

加工电流：0.8~2 A；

切割速度：15~40 mm^2/min。

选择上述电参数的下限值，表面粗糙度为 $Ra1.6$ μm，随着参数增大，表面粗糙度增至 $Ra3.2$ μm。

加工薄工件时，电参数应取小些，否则会使放电间隔增大。

加工厚工件时，电参数应适当取大些，否则会使加工不稳定、加工质量下降。

五、合理调整变频进给的方法

整个变频进给控制电路有多个调整环节，其中大多安装在机床控制柜内部，出厂时已调整好，一般不应再变动。只有一个调节旋钮安装在控制台操作面板上，操作工人可以根据工件材料、厚度及加工规准等来调节此旋钮，以改变进给速度。

不要以为变频进给的电流能自动跟踪工件的蚀除速度并始终维持某一放电间隙（即不会开路不走或闷死），不能错误地认为加工时可不必调节或随便调节变频进给量。实际上，某一具体条件下只存在一个相应的最佳进给量，此时钼丝的进给速度恰好等于工件实际可能的最大蚀除速度。如果设置的进给速度小于工件实际可能的蚀除速度（称为欠跟踪或欠进给），则加工状态偏开路，降低了生产率；如果设置的进给速度大于工件实际可能的蚀除速度（称为过跟踪或过进给），则加工状态偏短路，实际进给和切割速度也将下降，而且增加了断丝和短路闷死的危险。

实际上，由于进给系统中步进电动机、传动部件等有机械惯性及滞后现象，因此不论是欠进给还是过进给，自动调节系统都将使进给速度忽快忽慢，导致加工过程变得不稳定。因此，合理调节变频进给，使其达到较好的加工状态是非常重要的，主要有以下三种方法。

1. 用示波器观察和分析加工状态

数控线切割机床加工效果的好坏，在很大程度上还取决于操作者调整进给速度是否适宜，为此可将示波器接到放电间隙，根据加工波形来直观地判断与调整。

不同进给速度对线切割的影响如下：

（1）进给速度过高，即过跟踪，如图 6-11（a）所示。此时间隙中空载电压波形消失，加工电压波形变淡，短路电压波形变浓，工件蚀除的速度低于进给速度，间隙接近于短路，加工表面发焦呈褐色，工件的上、下端面均有过烧现象。

（2）进给速度过低，即欠跟踪，如图 6-11（b）所示。此时间隙中空载电压波形较浓，时而出现加工波形，短路波形较少，工件蚀除的速度大于进给速度，间隙近于开路，加工表面发焦呈淡褐色，工件的上、下端面有过烧现象。

（3）进给速度稍低，即欠佳跟踪。此时间隙中空载、加工、短路三种波形均较明显，波形比较稳定，工件蚀除的线速度略高于进给速度，加工表面较粗糙、较白，两端面有黑白相间的条纹。

（4）进给速度适宜，即正常跟踪，如图6－11（c）所示。此时间隙中空载及短路波形较淡，加工波形浓而稳定，工件蚀除的线速度与进给速度相当，加工表面细而亮，丝纹均匀。因此在这种情况下，能得到表面粗糙度值小、精度高的加工效果。

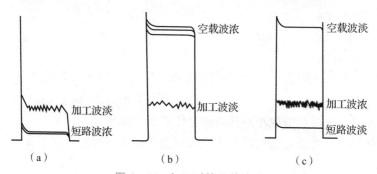

图6－11　加工时的几种波形

（a）过跟踪；（b）欠跟踪；（c）正常跟踪

表6－1给出了根据进给状态调整变频的方法。

表6－1　根据进给状态调整变频的方法

加工状态	进给状态	加工面状况	切割速度	电极丝	变频调整
过跟踪	慢而稳	焦褐色	低	略焦，老化快	应减慢进给速度
欠跟踪	忽慢忽快，不均匀	不光洁，易出深痕	低	易烧丝，丝上有白斑伤痕	应加快进给速度
欠佳跟踪	慢而稳	略焦褐，有条纹	较快	焦色	应稍增加进给速度
最佳跟踪	很稳	发白，光洁	最快	发白，老化慢	无须再调整

2. 用电压表和电流表观察分析加工状态

利用电压表和电流表来观察加工状态，调节变频进给旋钮，使电压表和电流表的指针摆动最小（最好不动），并使之处于较好的加工状态，实质也是一种合理地调节变频进给速度的方法。以下介绍用电流表根据加工电流和短路电流的比值来更快速、有效地调节最佳变频进给速度的方法——按加工电流和短路电流的比值 β 调节。

根据操作实践，并经理论推导证明，用矩形波脉冲电源进行线切割加工时，无论工件材料、厚度以及规准大小如何，只要调节变频进给旋钮，把加工电流（即电流表上指示出的平均电流）调节到大约等于短路电流（即脉冲电源短路时电流表上指示的电流）的70%~80%（β 值），就可接近最佳工作状态，即此时变频进给速度合理、加工最稳定、切割速度最高。

3. 计算出不同空载电压时的 β 值

这是更严格、更准确的方法。加工电流与短路电流的最佳比值 β 与脉冲电源的空载电压

（峰值电压 $\hat{u}_i$）和火花放电的维持电压 u_e 的比值有关，其关系为

$$\beta = 1 - \frac{u_e}{\hat{u}_i}$$

当火花放电维持电压 u_e 约为 20 V，用不同空载电压的脉冲电源加工时，加工电流与短路电流的最佳比值见表 6 – 2。

表 6 – 2　加工电流与短路电流的最佳比值

脉冲电源空载电压/V	40	50	60	70	80	90	100	110	120
加工电流与短路电流最佳比值 β	0.5	0.6	0.66	0.71	0.75	0.78	0.8	0.82	0.83

短路电流的获得可以用计算法，也可以用实测法。例如，某种电源的空载电压为 100 V，共用六个功放管，每管的限流电阻为 25 Ω，则每管导通时的最大电流为（100 ÷ 25）A = 4 A，如果六个功放管全用，则导通时的短路峰值电流为 4 A × 0.8 = 3.2 A。设选用的脉冲宽度和脉冲间隔的比值为 1∶5，则短路时的短路电流（平均值）为

$$24 \times \left(\frac{1}{5+1}\right)A = 4\ A$$

由此，在线切割加工中，当调节到加工电流等于 4 A × 0.8 = 3.2 A 时，进给速度和切割速度将为最佳。

实测短路电流的方法为用一根较粗的导线，人为地将脉冲电源输出端搭接短路，此时由电流表上读得的数值即为短路电流值。按此法可将各类电源不同电压以及不同脉宽、脉间比时的短路电流列成表格，以备随时查用。

此方法可使操作工人在调节和寻找最佳变频速度时有一个明确的目标值，可很快地调节到较好的进给和加工状态的大致范围，必要时再根据前述电压表和电流表指针的摆动方向，补偿调节到表针稳定不动的状态。

必须指出，上述所有调节方法都必须在工作液供给充足、导轮精度好、钼丝松紧合适等正常切割条件下才能取得较好的效果。

任务二　高速走丝线切割加工问题分析

任务导入

在电火花线切割生产实践中会出现各种各样的加工问题，需要操作者根据具体情况去解决。

任务目标

知识目标
1. 掌握常见的加工质量问题及解决方法

2. 掌握断丝原因及处理方法

能力目标

能够处理电火花线切割加工中的问题

素质目标

培养分析和解决问题的能力

 知识链接

一、常见的加工质量问题及解决

1. 工件变形，尺寸超差

在线切割机床的几何精度和控制精度均能得到保证的情况下，只要操作者合理安排工序，并进行必要的丝径补偿和间隙补偿，应该可以切割出人们所需的精密零件。出现工件严重变形及尺寸超差问题时，操作者应认真检查在加工过程中是否正确考虑和处理了以下问题：

（1）工件材料热处理形成的内应力及其对线切割加工精度的影响。

（2）工件装夹方法、切割方向及路径等怎样才有助于避开材料内应力影响。

（3）设置补偿量时，是否注意电极丝损耗影响，即编程中计算补偿量时，其丝径大小是否是加工时的实测值。

（4）所补偿的放电间隙大小是否与实际一致，因为放电间隙大小与选用的加工参数有关。

（5）校对程序和设计图，重新编程，或者修改程序，检查编程时穿丝孔坐标是否正确，是否考虑了公差带对加工尺寸影响。

2. 加工表面粗糙度不够好，且不均匀

电火花线切割加工的表面粗糙度受到切割速度的约束，一次切割的表面质量难以满足零件制造的需要，特别是高速走丝线切割机不仅表面粗糙度值大，而且黑白条纹普遍明显，是制造业迫切要求解决的问题。为了获得较好的加工表面质量，操作者应认真考虑：

（1）采用一次切割时，不宜为了追求切割速度而采用太大的脉冲规准（大脉宽、高峰值电流）进行加工，而应根据加工表面粗糙度要求不同，合理选用较小的脉冲规准（窄脉宽、小峰值电流），并确保伺服进给的平稳性。

（2）采用多次切割工艺，即第一次切割不考虑表面质量而保证切割速度，第二、第三次切割逐步修光。注意，不是所有高速走丝电火花线切割机都可以有效地进行多次切割，获得较好的加工质量。

（3）采取有效措施，改善高速走丝线切割加工所出现的表面条纹。

二、电火花线切割加工故障与处理

1. 电火花线切割加工断丝现象及其排除方法

不论是快走丝还是慢走丝机床，在电火花线切割加工中都会发生断丝现象。断丝不仅要

消耗大量电极丝，增大成本，而且还会严重影响线切割速度与加工表面质量。

引起断丝的原因很多，表6-3列出了高速走丝电火花线切割加工常见断丝现象、产生原因及排除方法，可以结合实际情况灵活应用。

表6-3 断丝原因及排除方法

断丝现象	原因	排除方法
储丝筒空转时断丝	电极丝排列时叠丝	检查钼丝是否在导轮 V 形槽里，检查排丝机构的丝杆螺母是否间隙过大，检查储丝筒轴线是否与丝架垂直，检查挡丝块位置是否妥当
	储丝筒转动不灵活	检查储丝筒夹缝中是否进入异物
	电极丝卡在进电块槽中	更换或调整进电块位置
刚开始切割时断丝	加工电流过大，进给不稳定	调整电参数，减小电流（刚切入时应适当减小加工电流，切入3~5 mm后再增大加工电流）
	钼丝抖动厉害	检查走丝系统部分，如导轮、轴承、储丝筒是否有异常跳动、振动
	工件表面有毛刺，有不导电氧化皮	清除氧化皮、毛刺
有规律断丝，多在一边或两边换向时断丝	储丝筒换向时，未能及时切断高频电源，使钼丝烧断	调整换向高频挡块位置。如果还不能排除，则需检测高频控制电路部分，要保证先关高频再换向
切割过程中突然断丝	电参数设置不当，电流过大	将脉冲间隔调大，或减少功率管个数，使加工电流减小
	进给调节不当，忽快忽慢，开路、短路频繁	提高操作水平，合理调整进给速度，实施过跟踪控制，使进给加工稳定
	工作液使用不当（如错误使用普通机床乳化液），乳化液过稀，使用时间长，太脏	使用线切割专用工作液，并控制工作液浓度，保持工作液清洁
	管道堵塞，工作液流量大减	清洗管道
	导电块未能与钼丝接触或已被钼丝拉出凹痕，接触不良	更换或将导电块调整位置
	切割厚件时，脉冲间隔过小、电流太大或工作液使用不当	适当增大脉宽，减小脉冲间隔和加工电流，使用适合厚件切割的工作液，适当选粗一点的电极丝
	脉冲电源削波二极管性能变差，加工中负波加大，使钼丝短时间损耗加大	更换削波二极管
	钼丝质量差或保管不当，氧化或张紧不当，导致钼丝损伤	更换钼丝，使用上丝轮上丝

续表

断丝现象	原因	排除方法
切割过程中突然断丝	储丝筒转速太慢，使钼丝在工作区停留时间过长	合理选择丝速挡
	切割工件时钼丝直径选择不当	按说明书推荐选择钼丝直径
工件临近切割完时断丝	工件材料变形，夹断钼丝	选择合适的切割路线、材料及热处理工艺，使变形量小
	快割完时，用小磁铁吸住工件或用工具托住工件，使其不至于下落	工件跌落时，卡断或撞断钼丝

注：当断丝不能再用，必须更换新丝时，应测量新丝的直径。若断丝直径和新丝直径相差较大，则要重新编制程序，以保证加工精度。

 任务实施

一、加工问题分析—问题 1

如果按照图 6-7 设计，并打好穿丝孔，但在编程时将第一个穿丝孔 A 点坐标输入为圆心（0，0）。请问后果如何？应如何处理？

当编程时穿丝孔与设计时穿丝孔的位置不一致，可能会产生以下两种情况。

（1）按照上面的问题，第一个轮廓直径为 φ15 mm 孔的穿丝孔坐标为（0，0），第二个轮廓直径为 φ30 mm 的圆盘穿丝孔坐标为（0，19）。根据分析，并由对比图 6-12 可知，轮廓整体将向上偏移 3.5 mm，穿丝孔 D 可能会破坏同心圆的轮廓。

（2）在加工直径为 φ30 mm 的圆盘时，电极丝会移到第一个穿丝孔正上方 19 mm 处，即如图 6-12（b）所示的位置，电极丝中心距离 EF 边 0.5 mm，这样电极丝可能会与工件接触，从而造成短路，进而无法切割加工。

【解决问题】

（1）根据以上分析可知，所述问题可能会破坏同心圆轮廓。因此需在加工前仔细校对程序和设计图，及时发现问题。发现问题后需重新编程，或者修改程序。

（2）对于第二个穿丝孔与 EF 距离太小从而可能导致电极丝与工件短路的问题，可以通过修改程序解决。具体做法如下：

①将电极丝再向 Y 方向移动 2 mm 左右，保证电极丝与工件不接触，这时坐标为（0，21）。

②修改程序。将第二轮廓加工程序的 220 号语句中的"T84 T86 G54 G90 G92 X +0 Y + 19000；"改为"T84 T86 G54 G90 G92 X +0 Y +21000；"。

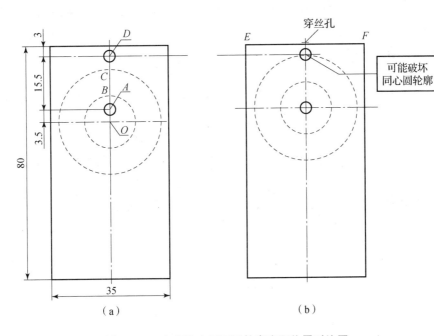

图 6 – 12　穿丝孔坐标不同轮廓实际位置对比图

（a）穿丝孔（0，3.5）时轮廓位置示意图；（b）穿丝孔（0，0）时轮廓位置示意图

二、加工问题分析—问题 2

如果加工第二个轮廓时在 300 号语句地方断丝，应如何处理？

【分析问题】 第一个轮廓加工已经加工好，因此不需要再加工第一个轮廓。

【解决问题】 根据分析，解决问题如下：

（1）用 MDI 方式执行指令 "G00 X + 0 Y + 19000;"，即将电极丝移到第二个轮廓穿丝孔位置，穿丝。

（2）删除 200 号以前的程序，从第二个轮廓的程序开始加工。

 任务拓展

电火花线切割加工的常见工艺问题和解决方法

1. 断丝与频繁短路

（1）电极丝质量差：粗细不均、强度差、打弯易折、过了有效期等。

解决方法：选购质量好的电极丝。

（2）导轮磨损：导轮 V 形槽的圆角半径超过电极丝半径，造成电极丝抖动，易造成频繁短路，储丝筒换向瞬间更易造成断丝。

解决方法：更换导轮和新轴承。

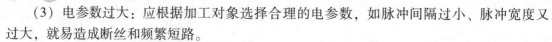

（3）电参数过大：应根据加工对象选择合理的电参数，如脉冲间隔过小、脉冲宽度又过大，就易造成断丝和频繁短路。

解决方法：合理选择电参数。

（4）工件变形：因工件变形造成夹丝、短路，引起断丝。

解决方法：工件应尽量使用热处理淬透性好、变形小的合金钢，毛坯件需要锻造，避免使用夹层和含有杂质的工件。

（5）进给速度选择不合理：过跟踪时，短路电压波形密集，工件蚀除速度低于进给速度，间隙接近于短路，易造成断丝和频繁短路；欠跟踪时，工件蚀除速度大于进给速度，间隙近于开路，造成电极抖动，也易造成断丝和频繁短路。

解决方法：选择最佳跟踪速度，调节合理的变频进给速度。

（6）工作介质脏：工作介质太脏，悬浮的加工屑太多，间隙消电离变差，洗涤性也变差，不利于排屑；间隙状态变差，对放电加工不利，也易造成断丝和频繁短路。

解决方法：更换新的工作介质，按操作工艺合理配制。

（7）进电不良：导电块接触不良或导电块本身磨出深沟造成的断丝。

解决方法：更换新的导电块或将导电块转一个角度使用。

（8）储丝筒跳动：储丝筒轴承磨损或损坏，造成储丝筒跳动，引起电极丝叠丝、断丝。

解决方法：更换轴承，重新校验储丝筒精度。

（9）脉冲电源有故障：脉冲电源晶体管损坏、漏电，负波太大及各项电参数改变，都会造成断丝和频繁短路。

解决方法：更换晶体管，维修好脉冲电源。

（10）机械故障：X、Y轴坐标丝杠的磨损，储丝筒丝杠的磨损及传动齿轮的磨损，不但会影响加工质量的精度，也易造成断丝和频繁短路。

解决方法：更换丝杠或传动齿轮，维修好机械，保证机械正常运转。

2. 切割速度慢、加工表面质量差

（1）切割速度和表面质量是成反比的两个工艺指标，所以必须在满足表面质量的前提下再追求高的切割速度，根据不同的加工对象选择合理的电参数是非常重要的。

（2）切割速度慢、表面质量差与进给速度有很大影响。进给速度调得太慢，低于工件的蚀除速度，偏开路，脉冲利用率低，切割速度慢，加工表面也不好，出现不稳定条纹或烧蚀现象。所以，进给速度必须调得适宜，才能使加工稳定、切割速度高、加工表面细而亮。

3. 硬质合金类材料加工效果差

（1）硬质合金类材料由于含高熔点的碳化钨和碳化钛成分，因此加工速度低，且易于产生表面微裂纹。解决方法：使用专用脉冲电源。

（2）根据使用的设备选择合理的电参数，例如，选择窄脉宽、大峰值电流，提高峰值电压，使硬质合金大部分在汽化状态下爆炸抛出、熔化而又冷凝成为白层的材料很少，做到有较高的加工速度而不会产生微裂纹，以获得较好的表面质量。

4. 铝材加工效果差

　　电火花线切割机床由于采用水基工作介质或乳化工作介质，所以在加工时放电间隙中产生的高温氧化作用使一部分工件材料的氧化物飞溅粘到电极丝上，当切割钢铁和铜钛等金属时，由于这些金属的氧化物均为导电物质，放电间隙状态良好，而加工铝及铝合金材料时，铝材的金属氧化物是陶瓷性物质，导电性下降，出现工件不动、导电块反而消耗快的问题，导致国产大部分快走丝线切割机床的导电块迅速出现切槽报废的问题。

模块三

其他特种加工技术

项目七　电化学加工

项目简介

　　轮船是用钢材制成的，而海水对钢铁的腐蚀性很大，在海中航行的轮船为了减少海水腐蚀，防止生锈，会在船体上加装一些锌块，这是利用电化学中不同金属的电势不同以保护船体金属的方法，称为阴极保护法。如图 7 – 1 所示。

图 7 – 1　海上航行的轮船

　　电化学是一门古老而又年轻的学科，起源于 1791 年意大利解剖学家伽伐尼发现解剖刀或金属能使蛙腿肌肉抽缩的"动物电"现象；1800 年伏特制成了第一个实用电池，开始了电化学研究的新时代。

　　电化学加工（Electrochemical Machining，ECM）是指通过电化学反应从工件上去除或在工件上镀覆金属材料的特种加工方法。早在 1834 年，法拉第就发现了电化学作用原理，后来人们先后开发出电镀、电铸、电解加工等电化学加工方法，并于 20 世纪 30—50 年代以后开始在工业上获得较为广泛的应用。近年来，借助于高新技术，在精密电铸、电解复合加工、脉冲电流电解加工、电化学微细加工及数控电解加工等方面取得较快发展。目前，电化学加工已成为一种不可缺少的去除或镀覆金属材料及进行微细加工的重要方法，并被广泛应用于兵器、汽车、医疗器材、电子和模具行业之中。

项目分解

任务一　电解加工
任务二　电沉积加工

项目目标

知识目标

1. 掌握电化学加工的原理和特点

2. 掌握电解加工的原理和特点

3. 掌握电镀加工的原理和特点

4. 掌握电铸加工的原理和特点

5. 掌握复合镀加工的原理和特点

能力目标

1. 能够分析电解加工中的电极反应

2. 能够区分电镀、电铸和复合镀

素质目标

1. 培养安全规范的生产意识

2. 培养严谨认真的工作作风

3. 培养分析和解决问题的能力

任务一　电解加工

任务导入

对一些中小型的薄壁机匣壳体，由于加工过程中存在变形及刀具干涉问题，导致数控铣削等其他工艺方法很难或无法实现加工。电解加工不仅能在壳体外壁上准确加工出各种形状的凸台和凹槽，也能在壳体内壁上进行加工，加工后的薄壁零件不变形，工艺优势明显，如图 7-2 所示。

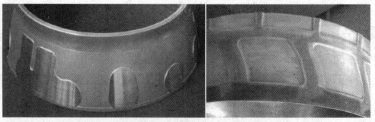

图 7-2　电解加工薄壁零件

任务目标

知识目标
1. 掌握电化学加工的原理和特点
2. 掌握电解加工的原理和特点
能力目标
能够分析电极反应
素质目标
培养分析和解决问题的能力

知识链接

一、电化学加工的原理与特点

1. 电化学加工原理

当两铜片接上约 10 V 的直流电源并插入 $CuCl_2$ 的水溶液中（此水溶液中含有 H^+、OH^- 和 Cu^{2+}、Cl^- 等正、负离子）时，即形成通路，如图 7 – 3 所示。导线和溶液中均有电流流过，在铜片（电极）和溶液的界面上，必定有交换电子的反应。溶液中的离子将做定向移动，Cu^{2+} 正离子移向阴极，在阴极上得到电子而进行还原反应，沉积出铜；在阳极表面，Cu 原子失掉电子而成为 Cu^{2+} 正离子进入溶液。在阴、阳电极表面发生得失电子的化学反应称为电化学反应，以这种电化学作用为基础对金属进行加工的方法称为电化学加工。

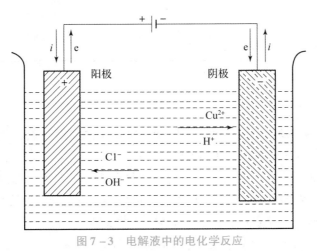

图 7 – 3 电解液中的电化学反应

2. 电化学加工的分类

电化学加工按其作用原理可分为三大类：第 I 类是利用电化学阳极溶解来进行加工，主要有电解加工、电解抛光等；第 II 类是利用电化学阴极沉积、涂覆进行加工，主要有电镀、涂镀、电铸等；第 III 类是利用电化学加工与其他加工方法相结合的电化学复合加工工艺，目前主要有电化学加工与机械加工相结合，如电解磨削、电化学阳极机械加工（还包含有电火花放电作用）。其分类情况见表7-1。

表7-1　电化学加工的分类

类别	加工方法	加工原理	主要加工作用
I	电解加工	电化学阳极溶解	从工件（阳极）去除材料，用于形状、尺寸加工
	电解抛光		从工件（阳极）去除材料，用于表面加工、去毛刺
II	电铸成形	电化学阴极沉积	向芯模（阴极）沉积而增材成形，用于制造复杂形状的电极，复制精密、复杂的花纹模具
	电镀		向工件（阴极）表面沉积材料，用于表面加工、装饰
	电刷镀		向工件（阴极）表面沉积材料，用于表面加工、尺寸修复
	复合电镀		向工件（阴极）表面沉积材料，用于表面加工、磨具制造
III	电解磨削	电解与机械磨削的复合作用	从工件（阳极）去除材料或表面光整加工，用于尺寸、形状加工，超精、光整加工，镜面加工
	电化学—机械复合研磨	电解与机械研磨的复合作用	对工件（阳极）表面进行光整加工
	超声电解	电解与超声加工的复合作用	改善电解加工过程，以提高加工精度和表面质量，对于小间隙加工复合作用更突出
	电解—电火花复合加工	电解液中电解去除与放电蚀除的复合作用	力求综合达到高效率、高精度的加工目标

3. 电化学加工的特点

电化学加工的特点如下：

（1）可加工各种高硬度、高强度、高韧性等难切削的金属材料，如硬质合金、高温合金、淬火钢、钛合金和不锈钢等，适用范围广。

（2）可加工各种具有复杂曲面、复杂型腔和复杂型孔等典型结构的零件，如航空发动机叶片、整体叶轮，发动机机匣凸台、凹槽，火箭发动机尾喷管，炮管及枪管的膛线、喷筒孔，深小孔，花键槽，模具型面、型腔等各种复杂的二维及三维型孔、型面。因加工中没有机械切削力和切削热的作用，故特别适合加工易变形的薄壁零件。

（3）加工表面质量好。由于材料是以去离子状态去除或沉积的，且为冷态加工，故加工后无表面变质层、残余应力，加工表面没有加工纹路且没有飞边和棱边，一般表面粗糙度为 $Ra0.8\sim3.2\ \mu m$，对于电化学复合光整加工，表面粗糙度可达 $Ra0.01\ \mu m$ 以下，适合于精密微细加工。

（4）加工生产率高。可以在大面积上同时进行加工，无须划分粗、精加工，特别是电解加工，其材料去除速度远高于电火花加工。

（5）加工过程中工具阴极无损耗，可长期使用，但要防止阴极的沉积现象和短路烧伤对工具阴极的影响。

二、电解加工

电解加工（ECM）是继电火花加工之后发展较快、应用较广泛的一项新工艺。目前在国内外已成功地应用于枪炮、航空发动机、火箭等制造工业，在汽车、拖拉机、采矿机械的模具制造中也得到了应用，已成为一种不可缺少的工艺方法。

1. 电解加工过程

电解加工是利用金属在电解液中的电化学阳极溶解将工件加工成形的。图7-4所示为电解加工过程示意图。加工时，工件接直流电源（10~20 V）的正极，工具接电源的负极。工具向工件缓慢进给，使两极之间保持较小的间隙（0.1~1 mm），具有一定压力（0.5~2 MPa）的氯化钠电解液从间隙中流过，这时阳极工件的金属被逐渐电解腐蚀，电解产物被高速（5~50 m/s）的电解液带走。

电解加工成形原理如图7-5所示，图中的细竖线表示通过阴极（工具）与阳极（工件）间的电流，竖线的疏密程度表示电流密度的大小。在加工开始时，阴极与阳极距离较近的地方通过的电流密度较大，电解液的流速也较高，阳极溶解速度也就较快，如图7-5（a）所示。由于工具相对工件不断 进给，工件表面就不断被电解，电解产物不断被电解液冲走，直至工件表面形成与阴极工作面基本相似的形状为止，如图7-5（b）所示。

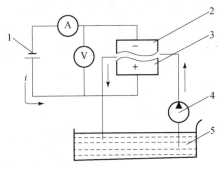

图7-4 电解加工过程示意图

1—直流电源；2—工具阴极；3—工件阳极；
4—电解液泵；5—电解液

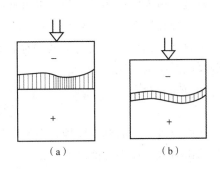

图7-5 电解加工成形原理

2. 电解加工的特点

电解加工与其他加工方法相比，具有下述特点：

（1）加工范围广，不受金属材料本身力学性能的限制，可以加工硬质合金、淬火钢、不锈钢、耐热合金等高硬度、高强度及高韧性金属材料，并可加工叶片、锻模等各种复杂型面。

（2）电解加工的生产率较高，为电火花加工的5~10倍，在某些情况下，比切削加工的生产率还高，且加工生产率不直接受加工精度和表面粗糙度的限制。

（3）可以达到较好的表面粗糙度（$Ra1.25 \sim 0.2 \ \mu m$）和 ±0.1 mm 左右的平均加工精度。

（4）由于加工过程中不存在机械切削力，所以不会产生由切削力所引起的残余应力和变形，没有飞边、毛刺。

（5）加工过程中阴极工具在理论上不会损耗，可长期使用。

电解加工的主要缺点和局限性如下：

（1）不易达到较高的加工精度和加工稳定性。这是由于影响电解加工间隙电场和流场稳定性的参数很多，控制比较困难；加工时杂散腐蚀也比较严重。目前，加工小孔和窄缝还比较困难。

（2）电极工具的设计和修正比较麻烦，因而很难适用于单件生产。

（3）电解加工的附属设备较多，占地面积较大，机床要有足够的刚性和防腐性能，造价较高。对电解加工而言，一次性投资较大。

（4）电解产物需进行妥善处理，否则将污染环境。例如重金属 Cr^{6+} 离子及各种金属盐类对环境的污染，为此须投资进行废弃工作液的无害化处理。此外，工作液及其蒸气还会对机床、电源甚至厂房造成腐蚀，也需要注意防护。

由于电解加工的优点及缺点都很突出，因此，如何正确选择使用电解加工工艺，成为摆在人们面前的一个重要问题。我国的一些专家提出选用电解加工工艺的三原则，即：电解加工适用于难加工材料的加工；电解加工适用于相对复杂形状零件的加工；电解加工适用于批量大的零件的加工。一般认为，三原则均满足时，相对而言选择电解加工比较合理。

3. 电解加工的电极反应

电解加工时电极间的反应是相当复杂的，这主要是因为一般工件材料不是纯金属，而是多种金属元素的合金，其金相组织也不完全一致，所用的电解液往往也不是该金属盐的溶液，而且还可能含有多种成分。电解液的浓度、温度、压力及流速等对电极的电化学过程也有影响，现在以 NaCl 水溶液中电解加工铁基合金为例来分析电极反应。

电解加工钢件时，在电解液中存在着 H^+、OH^-、Na^+、Cl^- 四种离子，现分别讨论其阳极反应及阴极反应。

1）阴极反应

$$2H^+ + 2e \rightarrow H_2 \uparrow$$

按照电极反应的基本原理，电极电位最正的离子将首先在阴极反应。因此，在阴极上只能是析出氢气，而不可能沉淀出钠。

2）阳极反应

$$Fe - 2e \rightarrow Fe^{2+}$$

根据电极反应过程的基本原理，电极电位最负的物质将首先在阳极反应。因此，在阳极，首先是铁失去电子，成为二价铁离子 Fe^{2+} 而溶解，然后又与 OH^- 离子化合，生成 $Fe(OH)_2$，由于 $Fe(OH)_2$ 在水溶液中的溶解度很小，故生成沉淀而离开反应系统：

$$Fe^{2+} + 2OH^- \rightarrow Fe(OH)_2 \downarrow$$

$Fe(OH)_2$ 沉淀为墨绿色的絮状物，随着电解液的流动而被带走，$Fe(OH)_2$ 又逐渐被电解液及空气中的氧氧化为黄褐色沉淀 $Fe(OH)_3$（铁锈）：

$$4Fe(OH)_2 + 2H_2O + O_2 \rightarrow 4Fe(OH)_3 \downarrow$$

由此可见，电解加工过程中，在理想情况下，阳极铁不断地以 Fe^{2+} 的形式被溶解，水被分解消耗，因而电解液的浓度逐渐变大。电解液中的氯离子和钠离子起导电作用，本身并不消耗，所以 NaCl 电解液的使用寿命长，只要过滤干净，适当添加水分可长期使用。

4. 电解加工工艺及其应用

我国自 1958 年在膛线加工方面成功地采用了电解加工工艺并正式投产以来，电解加工工艺的应用有了很大发展，逐渐在各种膛线、花键孔、深孔、内齿轮、链轮、叶片、异形零件及模具等方面获得了广泛的应用。

1）深孔扩孔加工

深孔扩孔加工按阴极的运动形式，可分为固定式和移动式两种。

固定式即工件和阴极间没有相对运动，如图 7-6 所示。

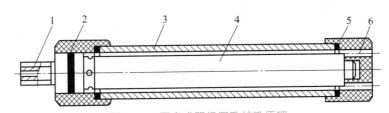

图 7-6 固定式阴极深孔扩孔原理

1—电解液入口；2—绝缘定位套；3—工件；4—工具阴极；5—密封垫；6—电解液出口

其优点是：设备简单，只需一套夹具来保持阴极与工件的同心及起导电和引进电解液的作用；由于整个加工面同时电解，故生产率高；操作简单。

其缺点是：阴极要比工件长一些，所需电源的功率较大；电解液在进出口处的温度及电解产物含量等都不相同，容易引起加工表面的粗糙度和尺寸精度不均匀现象；当加工表面过长时，阴极刚度不足。

移动式加工通常多采用卧式，阴极在零件内孔做轴向移动。移动式加工阴极较短，精度要求较低，制造容易，可加工任意长度的工件而不受电源功率的限制。但它需要有效长度大于工件长度的机床，同时工件两端由于加工面积不断变化而引起电流密度的变化，故出现收口和喇叭口，需采用自动控制。

阴极设计应结合工件的具体情况，尽量使加工间隙各处的流速均匀一致，避免产生涡流及死水区。扩孔时如果设计成圆柱形阴极（图 7-7（a）），则由于实际加工间隙沿阴极长度方向变化，结果越靠近后段流速越小。如设计成圆锥阴极，则加工间隙基本上是均匀的，因而流场也较均匀，效果较好，如图 7-7（b）所示。为使流场均匀，在液体进入加工区以前以及离开加工区以后，应设置导流段，避免流场在这些地方发生突变，造成涡流。

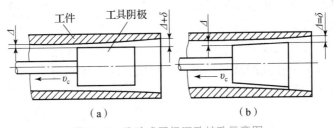

图 7-7 移动式阴极深孔扩孔示意图

2）型孔加工

在生产中往往会遇到一些形状复杂、尺寸较小的四方、六方、椭圆、半圆等形状的通孔和不通孔，机械加工很困难，如采用电解加工，则可以大大提高生产效率及加工质量。型孔加工一般采用端面进给法，如图 7-8 所示。为了避免锥度，阴极侧面必须绝缘。为了提高加工速度，可适当增加端面的工作面积，如阴极内圆锥面的高度为 1.5~3.5 mm，工作端及侧成形环面的宽度一般取 0.3~0.5 mm，出水孔的截面积应大于加工间隙的截面积。

图 7-9 所示为加工喷油器内圆弧槽的例子，如果采用机械加工是比较困难的，而用固定阴极电解扩孔则很容易实现，而且可以同时加工多个零件，大大提高了生产率，降低了成本。加工时，电解液从工具阴极 1 中心进入，由阴极底端经绝缘层 2 的孔隙流出，由于工件 3 接阳极，故其裸露表面在电解液中被工具阴极的凸出圆环电解成内圆弧环槽。

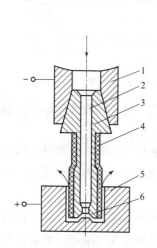

图 7-8 端面进给式型孔加工示意图

1—机床主轴套；2—进水孔；3—阴极主体；
4—绝缘层；5—工件；6—工作端面

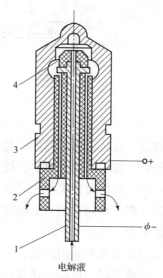

图 7-9 喷油器内圆弧槽的加工

1—工具阴极；2—绝缘层；
3—工件；4—绝缘层

3）型腔加工

锻模和塑料模多数为型腔模，因为电火花加工的精度比电解加工易于控制，目前大多数采用电火花加工，但由于它的生产率较低，因此对于锻模消耗量比较大、精度要求不太高的煤矿机械、汽车拖拉机等制造厂，多采用电解加工。

复杂型腔表面加工时，电解液流场不易均匀，在流速、流量不足的局部地区，电蚀量将偏小，在该处容易产生短路。此时应在阴极的对应处开增液孔或增液槽，增补电解液，使流场均匀，避免短路烧伤现象，如图 7-10 所示。

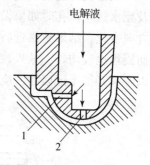

图 7-10 增液孔的设置

1—增液孔；2—增液槽

4）套料加工

用套料加工方法可以加工等截面的大面积异形孔或用于等截面薄形零件的下料。如

图7－11所示的异形零件，用常规的铣削方法加工将非常麻烦，而采用如图7－12所示的套料阴极则可很方便地进行套料加工。阴极片为0.5 mm厚的纯铜片，用软钎焊焊在阴极体上，零件尺寸精度由阴极片内腔口保证，当加工中偶尔发生短路烧伤时，只需更换阴极片，而阴极体可以长期使用。

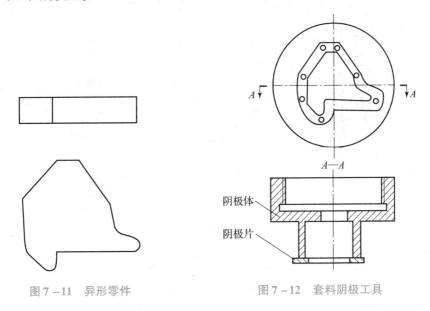

图7－11 异形零件　　　　　图7－12 套料阴极工具

5）叶片加工

叶片是喷气发动机、汽轮机中的重要零件，叶身型面形状比较复杂，精度要求较高，加工批量大，在发动机和汽轮机制造中占有相当大的劳动量。叶片采用机械加工困难较大，生产率低，加工周期长，而采用电解加工则不受叶片材料硬度和韧性的限制，在一次行程中即可加工出复杂的叶身型面，生产率高，表面粗糙度小。

电解加工整体叶轮如图7－13所示。叶轮上的叶片是逐个加工的，采用套料法加工，加工完一个叶片，退出阴极，分度后加工下一个叶片。在采用电解加工以前，叶片是经精密锻造、机械加工、抛光后镶到叶轮轮缘的榫槽中，再焊接而成，加工量大、周期长，而且质量不易保证。电解加工整体叶轮，只要把叶轮轮坯加工好后，可直接在轮坯上加工叶片，加工周期大大缩短，叶轮强度高，质量好。

6）电解倒棱去毛刺

机械加工中去毛刺的工作量很大，尤其是去除硬而韧的金属毛刺，需要占用很多人力。电解倒棱去毛刺可以大大提高工效和节省费用。图7－14所示为齿轮的电解去毛刺装置。工件齿轮套在绝缘柱上，环形电极工具也靠绝缘柱定位安放在齿轮上面，保持3～5 mm的间隙（根据毛刺大小而定），电解液在阴极端部和齿轮的端面齿面间流过，阴极和工件间通上20 V以上的电压（电压高些，间隙可大些），约1 min即可去除毛刺。

7）电解刻字

机械加工中，在工序间检查或成品检查后要在零件表面做一个合格标志，加工的非基准面一般也要打上标志以示区别（例如轴承环的加工）。此外，产品的规格、材料和商标等也

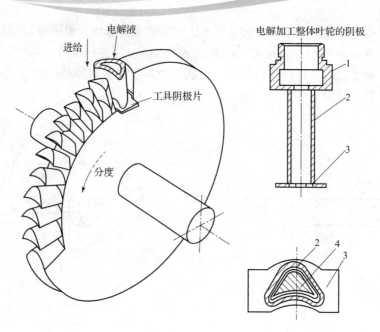

图 7 – 13 电解加工整体叶轮

1—阴极座；2—空心套管；3—阴极片；4—叶片

要标刻在产品表面。目前，这些一般由机械打字完成，但机械打字要用字头对工件表面施以捶打，靠工件表面产生的凹陷及隆起变形才能实现，这对于热处理后已淬硬的零件或壁厚特薄，或精度很高、表面不允许被破坏的零件而言，都是不允许的。电解刻字则可以在那些常规的机械刻字不能进行的表面上刻字。电解刻字时，字头接阴极（见图 7 – 15），工件接阳极，二者保持大约 0.1 mm 的间隙，中间滴注少量的钝化型电解液，在 1～2 s 的时间内完成工件表面的刻字工作。目前可以做到在金属表面刻出黑色的印记，也可在经过发蓝处理的表面上刻出白色的印记。

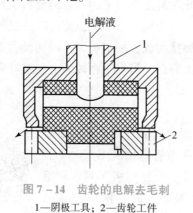

图 7 – 14 齿轮的电解去毛刺

1—阴极工具；2—齿轮工件

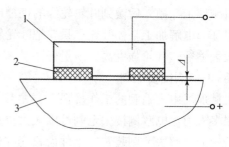

图 7 – 15 电解刻字

1—字头；2—绝缘层；3—工件

利用同样的原理，改变电解液成分并适当延长电解时间，即可实现在工件表面刻印花纹或制成压花轧辊。

8）电解抛光

电解抛光是利用金属在电解液中的电化学阳极溶解对工件表面进行腐蚀抛光的，它只是一种表面光整加工方法，用于降低工件的表面粗糙度和改善表面物理力学性能，而不用于对工件进行形状和尺寸加工。它和电解加工的主要区别是工件和工具之间的加工间隙大，这样有利于表面的均匀溶解；电流密度比较小；电解液一般不流动，必要时加以搅拌即可。因此，电解抛光所需的设备比较简单，包括直流电源、各种清洗槽和电解抛光槽，不需要电解加工那样昂贵的机床和电解液循环、过滤系统；抛光用的阴极结构也比较简单。

电解抛光的效率要比机械抛光高，而且抛光后的表面除了常常生成致密牢固的氧化膜等膜层外（这层组织致密的膜往往将提高表面的耐蚀性能），不会产生加工变质层，也不会造成新的表面残余应力，且不受被加工材料（如不锈钢、淬火钢、耐热钢等）硬度和强度的限制，因而在生产中经常采用。

任务拓展

电解磨削的基本原理和特点

电解磨削属于电化学机械加工范畴。电解磨削是由电解作用和机械磨削作用相结合而进行加工的，比电解加工的精度高、表面粗糙度小，比机械磨削的生产率高。与电解磨削相近似的还有电解珩磨和电解研磨。

图 7-16 所示为电解磨削原理图。导电砂轮 1 与直流电源的负极相连，被加工工件 3（硬质合金车刀）接正极，它在一定压力下与导电砂轮相接触。加工区域中送入电解液 2，在电解和机械磨削的双重作用下，车刀的后刀面很快就被磨光。

图 7-17 所示为电解磨削加工过程原理图，电流从工件 3 通过电极间隙及电解液 5 流向磨轮，于是工件（阳极）表面的金属在电流和电解液的作用下发生电解作用（电化学腐蚀），被氧化成为一层极薄的氧化物或氢氧化物薄膜 4，一般称它为阳极薄膜。但刚形成的阳极薄膜迅速被导电砂轮中的磨粒刮除，在阳极工件上又露出新的金属表面并继续

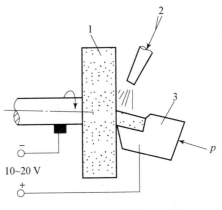

图 7-16 电解磨削原理图
1—导电砂轮；2—电解液；3—工件

电解。电解作用和刮除薄膜的磨削作用交替进行，使工件连续被加工，直至达到一定的尺寸精度和表面粗糙度。

在电解磨削过程中，金属主要是靠电化学作用腐蚀下来的，砂轮起磨去电解产物阳极钝化膜和整平工件表面的作用。

电解磨削与机械磨削相比，具有以下特点：

（1）加工范围广，加工效率高。由于它主要是电解作用，因此只要选择合适的电解液就可以用来加工任何高硬度与高韧性的金属材料，例如磨削硬质合金时，与普通的金刚石砂轮磨削相比，电解磨削的加工效率要高 3~5 倍。

（2）可以提高加工精度及表面质量。因为砂轮并不主要磨削金属，磨削力和磨削热都很小，不会产生磨削毛刺、裂纹和烧伤现象，故一般表面粗糙度可小于 $Ra0.16\ \mu m$。

（3）砂轮的磨损量小。例如磨削硬质合金，普通刃磨时，碳化硅砂轮的磨损量为切除硬质合金质量的4~6倍；电解磨削时，砂轮的磨损量不超过硬质合金切除量的50%~100%，与普通金刚石砂轮磨削相比，电解磨削用的金刚石砂轮的损耗速度仅为其1/5~1/10，可显著降低成本。

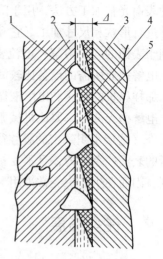

图7-17　电解磨削加工过程原理图
1—磨粒；2—结合剂；3—工件；
4—阳极薄膜；5—电极间隙及电解液

与机械磨削相比，电解磨削的不足之处是：加工工具等的刃口不易磨得非常锋利；机床、夹具等需采取防锈、防蚀措施；需增加吸气、排气装置，以及需要直流电源、电解液过滤、循环装置等附属设备。

电解磨削的电化学阳极溶解机理和电解加工相似，不同之处是电解加工时阳极表面形成的钝化膜是靠活性离子（如 Cl^- 离子）进行活化，或靠很高的电流密度去破坏（活化）而使阳极表面的金属不断被溶解去除的，加工电流很大，溶解速度很快，电解产物的排除靠高速流动的电解液的冲刷作用；电解磨削时阳极表面形成的钝化膜是靠砂轮的磨削作用，即机械的刮削来去除和活化的。因此，电解加工时必须采用压力较高、流量较大的泵，例如涡旋泵、多级离心泵等，而电解磨削一般可采用冷却润滑液用的小型离心泵。从此意义上来说，为了区别于电解磨削，也有把电解加工称为"电解液压加工"的。另外，电解磨削是靠砂轮磨料来刮除具有一定硬度和黏度的阳极钝化膜，其形状和尺寸精度主要是由砂轮相对于工件的成形运动来控制的，因此，电解液中不能含有活化能力很强的离子如 Cl^- 等，而采用腐蚀能力较弱的钝化性电解液，如 $NaNO_3$、$NaNO_2$ 等为主的电解液，以提高电解磨削成形精度和有利于机床的防锈、防蚀。

任务二　电沉积加工

任务导入

家具、锁具、灯饰、装饰五金、卫生洁具配件、摩托车、汽车配件等产品具有光泽，非常美观，这是利用电化学中的电沉积进行的镀层加工，除了能满足人们对于产品美观的要求外，同时可以提高产品的性能，如耐磨性、耐蚀性、导电性等，如图7-18所示。

任务目标

知识目标
1. 掌握电镀加工的原理和特点

（a）　　　　　　　　　（b）　　　　　　　　　（c）

图 7 – 18　电镀产品

2. 掌握电铸加工的原理和特点
3. 掌握复合镀加工的原理和特点

能力目标

能够区分电镀、电铸和复合镀

素质目标

培养分析和解决问题的能力

 知识链接

电沉积加工是电化学加工中阴极沉积材料类加工技术，是电镀、电铸、电解冶炼、电解精炼等加工过程的统称，其中电镀和电铸应用最为广泛，两者看上去非常接近，但也存在显著区别。电镀、电铸、涂镀和复合镀的主要区别见表 7 – 2。

表 7 – 2　电镀、电铸、涂镀和复合镀的主要区别

加工方式	电镀	电铸	涂镀	复合镀
工艺目的	表面装饰、防锈蚀	复制、成形加工	增大尺寸，改善表面性能	1. 电镀耐磨镀层； 2. 制造超硬砂轮或磨具，电镀带有硬质磨料的特殊复合层表面
镀层厚度/mm	0.001 ~ 0.05	0.05 ~ 5 或以上	0.001 ~ 0.5 或以上	0.05 ~ 1 以上
精度要求	只要求表面光亮、光滑	有尺寸及形状精度要求	有尺寸及形状精度要求	有尺寸及形状精度要求
镀层牢度	要求与工件牢固黏结	要求与原模能分离	要求与工件牢固黏结	要求与基体牢固黏结
阴极材料	用与镀层金属相同材料	用与镀层金属相同材料	用石墨、铂等钝性材料	用与镀层金属相同材料

续表

加工方式	电镀	电铸	涂镀	复合镀
镀液	用自配的电镀液	用自配的电镀液	按被镀金属层选用现成供应的涂镀液	用自配的电镀液
工作方式	需用镀槽，工件浸泡在镀液中，与阳极无相对运动	需用镀槽，工件与阳极可相对运动或静止不动	无须镀槽，镀液浇注或含吸在相对运动着的工件和阳极之间	需要镀槽，被复合镀的硬质材料放置在工件表面

一、电镀加工

现代电化学就是源于电沉积现象的发现，1805 年意大利化学家 Luigi V. Brugnatelli 用电极进行了第一次电沉积，但在这之后并没有在一般的工业中应用。直到 1839 年，英国和俄罗斯科学家各自独立设计了类似于 Brugnatelli 的金属电沉积工艺，用于印制电路板的镀铜。1840 年，乔治埃尔金顿和亨利埃尔金顿被授予第一个电镀专利，他们两人在伯明翰创建了电镀工厂，从此该技术开始在世界各地广泛传播。到 19 世纪 50 年代，电镀镍、铜、锡和锌等技术也相继被开发出来。在 19 世纪后期，许多需要提高耐磨和耐蚀性的金属机械部件、五金件已经可以实现批量电沉积处理。之后的两次世界大战和不断增长的航空业也推动了电沉积的进一步发展和完善，发展出了电镀硬铬、电镀铜合金等商业技术，电镀设备也从手动操作发展到现代全自动化流水线作业。电镀生产线如图 7 - 19 所示。

图 7 - 19　电镀生产线

1. 电镀原理

电镀（Electroplating）就是利用电化学原理在某些金属表面上镀上一薄层其他金属或合金的过程，是利用电化学作用使金属或其他材料制件的表面附着一层金属膜从而起到防止腐蚀，提高耐磨性、导电性、反光性及增进美观等作用。电镀目前广泛应用于航空、航天、兵器、核工业、钢铁、汽车、机械、电子等领域，人们的日常生活中充斥着镀金、镀银、镀锌、镀镍、镀铜、镀铬及合金等各种电镀产品。

电镀一般以镀层金属作为阳极，待镀的工件作为阴极，需用含镀层金属阳离子的溶液作为电镀液（电镀液有酸性的、碱性的和加有络合剂的酸性及中性溶液等），以保持镀层金属阳离子的浓度不变，金属阳离子在待镀工件表面被还原沉积为金属镀层。电镀的目的是在待镀工件表面牢固、均匀地沉积一层能改变基材表面性质及尺寸的金属层，通过该涂层增强基体的耐蚀性、耐磨性，提高导电性、润滑性和耐热性等。

例如，经电镀硬铬处理过的模具，其硬度可达到 60～65 HRC，耐高温性能可以提高到 600 ℃～800 ℃，模具的耐蚀性和表面粗糙度进一步提高，易脱模、不黏模，从而延长其使用寿命、提高品质、降低材料成本、提高生产效率。

电镀的基体材料除铁基的铸铁、钢和不锈钢外，还有非铁金属，如 ABS 树脂、聚丙烯及酚醛塑料等，但在塑料上电镀前必须经过特殊的活化和敏化处理。镀层大多是单一金属或合金，如锌、铬、金、银、镍、铜、铜锌合金（黄铜）、铜锡合金（青铜）、铅锡合金、镍磷合金、金银合金等，但有时需要进行多次电镀，由多种镀层依次构成复合镀层。例如，钢上电镀铜－镍－铬层；钢铁零件以镀铜或镀镍作底镀层，然后再镀黑铬。电镀黑铬产品零件经清洗并吹干后，采用浸热油封闭或者表面喷涂有机透明涂料，可以大大提高镀铬层的防护装饰效果，如图 7－20 所示。

电镀有挂镀、滚镀、连续镀、刷镀和喷镀等形式，主要与待镀件的尺寸和批量有关。挂镀适用于一般尺寸的制品，如汽车的车身、保险杠等，如图 7－21 所示；滚镀适用于小件，如紧固件、垫圈、销子等；连续镀适用于成批生产的线材和带材；刷镀和喷镀适用于局部镀或表面修复。无论采用何种镀覆方式，与待镀制品和镀液接触的镀槽、吊挂具等均应具有一定的规范。

图 7－20 镀铬零件

图 7－21 车身挂镀生产过程

2. 电镀分类

从电镀层的使用功能考虑，镀层分为装饰保护性镀层和功能性镀层两类。装饰保护性镀层主要是铁金属、非铁金属及塑料上的镀铬层。例如，图 7－22（a）所示为近年来在汽车装饰行业兴起的改装业务之一，即在商品化铝合金轮毂表面电镀上个性化的光亮镍。当原有器件表面因为使用而逐渐失去装饰作用时，还可以利用电镀技术进行修复，图 7－22（b）所示为在欧美国家较为常见的银器修复，即将原有表面经过一定预处理后，再镀上一层银，可以恢复如初，能满足日常使用 20 年之久。除了上述装饰性用途外，电镀更多的是作为功能性镀层而被人们应用。例如，滑动轴承罩表面的铅锡、铅铟等复合镀层可用于提高装配相容性；发动机活塞环上的硬铬镀层可以提高运动过程的耐磨损性能；塑胶模具表面的金属镀层可以提高脱模性能；大型齿轮表面的镀铜层可以防止滑动面早期拉毛；

常见的钢铁基体表面可以防止大气腐蚀的镀锌层；防止钢与铝之间形成原电池腐蚀的锡－锌镀层，等等。目前，电镀作为一种成熟的工艺，还被应用于零件再制造修复过程。例如，发动机中的磨损连杆可以通过特殊电镀工艺在磨损内孔表面镀上一层铜，待修复内孔尺寸偏差后再次用于发动机中。

（a）   （b）

图 7–22　电镀层分类

（a）轮毂镀镍装饰；（b）旧银器镀银修复

在电镀加工中，还可以按照电镀区域进行分类。例如，经常需要对零部件进行局部电镀，这就要用不同的局部绝缘方法来满足施工的技术要求，以保证零件非镀面不会镀上镀层，尤其是有特殊要求的零件。局部电镀工艺主要是通过屏蔽实现选择性电镀，常见的屏蔽方法有：用胶布或塑料的布条、胶带等材料对非镀面进行绝缘保护，适用于形状规则简单的零件，是最简单的绝缘保护方法；利用蜡制剂绝缘是将熔化的蜡制剂涂覆到需绝缘的表面，在涂覆层温热状态下用小刀对绝缘端边进行修整，再用棉球沾汽油反复擦拭欲镀表面，局部电镀完毕后可在热水或专用蜡桶内将蜡制剂熔化回收；也可以使用过氯乙烯、聚氯乙烯硝基胶等漆类绝缘涂料进行绝缘保护，这种绝缘保护方法操作简便，适合处理结构复杂的零件；有时还可以仿照零件的形状，设计出专用的绝缘夹具，如轴承内径或外径进行局部镀铬时设计的专用轴承镀铬夹具，这种夹具不仅可大大提高生产效率，还可以重复使用。

二、电铸加工

电铸成形（Electroforming）是电化学加工技术中的一项精密、增材制造技术，其电化学原理与电镀基本一致，同为电化学阴极沉积过程，即在作为阴极的原模（芯模）上不断还原、沉积金属正离子而逐渐成形电铸件，当达到预定厚度时，设法将电铸成形件与原模分离，获得在接合面处复制原模形状的成形零件。因此，电铸是利用金属的电沉积原理来精确复制某些复杂或特殊形状工件的特种加工方法。

1. 电铸加工的原理与特点

电铸加工的原理如图 7–23 所示，用可导电的原模作为阴极，用电铸材料（如纯铜）作为阳极，用电铸材料的金属盐（例如硫酸铜）溶液作为电铸液。在直流电源的作用下，阳极上的金属原子交出电子成为正金属离子进入电铸液，并进一步在阴极上获得电子成为金属原子而沉积镀覆在阴极原模表面，阳极金属源源不断地成为金属离子补充溶解进入电铸液，保持质量分数基本不变，阴极原模上电铸层逐渐加厚，当达到预定厚度时即可取出，设法与原模分离，即可获得与原模型面凹凸相反的电铸件。

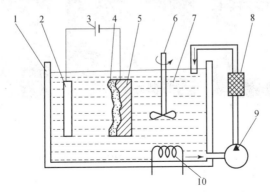

图 7-23　电铸加工的原理

1—电铸槽；2—阳极；3—直流电源；4—电铸层；5—原模（阴极）；
6—搅拌器；7—电铸液；8—过滤器；9—泵；10—加热器

电铸加工的特点如下：

（1）能准确、精密地复制复杂型面和细微纹路。

（2）能获得尺寸精度高、表面粗糙度小于 $Ra0.1\ \mu m$ 的复制品，同一原模生产的电铸件一致性极好。

（3）借助石膏、石蜡、环氧树脂等作为原模材料，可把复杂零件的内表面复制为外表面、外表面复制为内表面，然后再电铸复制，适应性广泛。

2. 电铸加工应用

电铸加工的主要应用

（1）复制精细的表面轮廓花纹，如压制唱片、VCD、DVD 光盘的压模，工艺美术品模及证券、邮票的印刷板。

（2）复制注塑用的模具、电火花型腔加工用的电极工具。

（3）制造复杂、高精度的空心零件和薄壁零件，如波导管等。

（4）制造表面粗糙度标准样块、反光镜、表盘、异形孔喷嘴等特殊零件。

图 7-24 所示为一个典型的电铸加工过程，目的是通过电铸方法加工出形状复杂的压缩机转子结构件。首先采用多轴数控机床加工出一个用于电铸的铝材压缩机转子原模；其次放入电铸槽中进行电沉积，在铝原模上沉积获得一层具有较大厚度的铜；最后将熔点较低的铝（660 ℃）熔融，并对铜结构进行必要的后处理。

三、复合镀加工

1. 复合镀的原理与分类

复合镀是在金属工件表面镀覆金属镍或钴的同时，将磨料作为镀层的一部分也一起镀到工件表面上，故称为复合镀。依据镀层内磨料尺寸的不同，复合镀层的功用也不同，一般可分为以下两类。

（a）　　　　　　　　　　（b）　　　　　　　　　　（c）

图 7-24　压缩机转子电铸

（a）阴极原模；（b）脱模前；（c）脱模后

1）作为耐磨层的复合镀

磨料为微粉级，电镀时，镀液中的金属离子在镀到金属工件表面的同时，镀液中带有的极性微粉级磨料与金属离子络合成的离子团也镀到工件表面。这样，在这个镀层内将均匀分布有许多微粉级的硬点，使整个镀层的耐磨性增加好几倍，一般用于高耐磨零件的表面处理。

2）制造切削工具的复合镀或镶嵌镀

磨料为人造金刚石（或立方氮化硼），粒度一般为 80# ~ 250#。电镀时，控制镀层的厚度稍大于磨料尺寸的一半左右，使紧挨工件表面的一层磨料被镀层包覆、镶嵌，形成一层切削刃，用以对其他材料进行加工。

2. 电镀金刚石（或立方氮化硼）工具的工艺与应用

1）套料刀具及小孔加工刀具

制造电镀金刚石套料刀具时，先将已加工好的管状套料刀具毛坯插入人造金刚石磨料中，把无须复合镀的刀柄部分绝缘，然后将含镍离子的镀液倒入磨料中，并在欲镀刀具毛坯外再加一环形镍阳极，而刀具毛坯接阴极。通电后，刀具毛坯内、外圆端面将镀上一层镍，紧挨着刀具毛坯表面的磨料也被镀层包覆，成为一把管状的电镀金刚石套料刀具，可用在玻璃、石英上钻孔或套料加工（钻较大的孔）。

如果将管状刀具毛坯换成直径很小（> ϕ0.5 mm）的细长轴，则可在细长轴表面镀上金刚石磨料，成为小孔加工刀具，如牙科钻。

2）平面加工刀具

将刀具毛坯置于镀液中并接电源负极，然后通过镀液在刀具毛坯平面上均匀撒布一层人造金刚石磨料，并镀上一层镍，使磨料被包覆在刀具毛坯表面形成切削刃。此法也可制造锥角较大、近似平面的刀具，例如，用此法制造电镀金刚石气门铰刀，用以修配汽车发动机缸体上的气门座锥面，比用高速钢气门铰刀加工的生产率提高近 3 倍；此法同样可用于制造金刚石小锯片，只需将锯片无须镀层的地方绝缘，而在最外圆和两侧面上用镍镶嵌镀上一薄层聚晶金刚石或立方氮化硼磨料即可。

　任务拓展

随着电沉积技术的发展，一些相对特殊的电沉积技术获得了应用。

一、涂镀加工

涂镀又称刷镀或无槽电镀，是在金属工件表面局部快速电化学沉积金属的技术，图 7 – 25 所示为其原理图。转动的工件 1 接直流电源 3 的负极，镀笔 4 接正极，镀笔端部的不溶性石墨电极用外包尼龙布的脱脂棉套 5 包住，镀液 2 饱蘸在脱脂棉中或另行浇注，多余的镀液流回容器 6。镀液中的金属正离子在电场的作用下于阴极表面获得电子而沉积涂镀在阴极表面，可达到 0.001 ~ 0.5 mm 或以上的厚度。

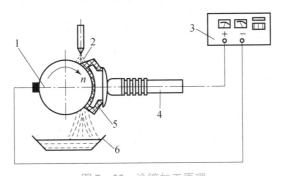

图 7 – 25　涂镀加工原理

1—工件；2—镀液；3—直流电源；4—镀笔；5—脱脂棉套；6—容器

涂镀加工的特点如下：

（1）不需要镀槽，可以对局部表面涂镀，设备、操作简单，机动灵活性强，可在现场或就地施工，不受工件大小、形状的限制，甚至不必拆下零件即可对其局部进行刷镀。

（2）涂镀液种类、可涂镀的金属比槽镀多，选用、更改方便，易于实现复合镀层，一套设备可涂镀金、银、铜、铁、锡、镍、钨、铟等多种金属。

（3）镀层与基体金属的结合力比槽镀的牢固，涂镀速度比槽镀快（镀液中离子浓度高），镀层厚薄可控性强。

（4）因工件与镀笔之间有相对运动，故一般都需要人工操作，很难实现高效率的大批量、自动化生产。

涂镀技术主要的应用范围如下：

（1）修复零件磨损表面，恢复尺寸和几何形状，实施超差品补救。例如，各种轴、轴瓦、套类零件磨损后，以及加工中尺寸超差报废时，可用表面涂镀以恢复尺寸。

（2）填补零件表面上的划伤、凹坑、斑蚀和孔洞等缺陷，如机床导轨、活塞液压缸、印制电路板的修补。

（3）大型、复杂、单个小批量工件的表面局部镀镍、铜、锌、镉、钨、金、银等防腐层和耐腐层等，改善表面性能。例如，各类塑料模具表面涂镀镍层后，很易抛光至 $Ra0.1\ \mu m$ 甚至更佳的表面粗糙度。

涂镀加工技术有很大的使用意义和经济效益，是修旧利废、设备器材再利用的绿色表面工程，被列为国家重点推广项目之一。我国铁道部戚墅堰机车车辆工艺研究所、上海有机化学研究所、解放军装甲兵技术学院等单位对这一技术在我国的研究推广工作有很大的贡献。

二、喷射电沉积

喷射电沉积（Jet Electrodeposition）又称射流电沉积，属于电沉积新技术之一，由美国宇航局（National Aeronautics and Space Administration，NASA）于1974年最先提出，它是一种局部高速电沉积技术，由于其具有非常特殊的流场及电场，因此在传质速率、扩散层厚度、极限电流密度等方面与常规电沉积具有很大的差异，可以认为是电沉积技术中的一种特种技术。

喷射电沉积研究可以总结为三个阶段：

（1）局部沉积成形阶段：从构建喷射电沉积系统、局部沉积速度和局部沉积精度等角度开展系列研究。

（2）纳米晶研究阶段：对制备纳米晶材料展开了较多的研究。

（3）结构功能研究阶段：喷射电沉积逐渐向结构功能一体化方向发展，如泡沫金属原位织构技术、纳米薄膜交替沉积技术、摩擦喷射电沉积技术、喷射电沉积制备微纳米粒子技术等，逐渐将喷射电沉积制备特殊结构功能材料的优势发挥出来。

喷射电沉积与常规电沉积相比，可以获得的纳米晶更为细小，晶粒平均尺寸小于10 nm，最小仅为3~4 nm，其产生机理主要包括：

（1）喷射束流在快速相对移动中，阴极的择优生长点会发生变化，因而在电沉积过程中会不断再形成新的晶核，晶粒的大小分布也趋于均匀。

（2）由于喷射束流会不断移动，因此某一区域的结晶过程会不断中止，这就阻止了某些晶粒的连续生长。

结合数控喷射电沉积技术，则可以加工出具有一定精度和厚度的成形纳米晶结构件，如图7-26所示。

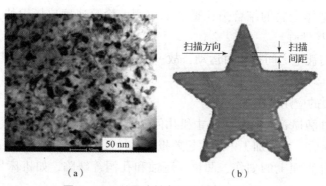

（a） （b）

图7-26 利用喷射电沉积制备纳米晶

（a）超细纳米晶镍TEM形貌；（b）纳米晶铜成形结构件

在喷射电沉积制备细小纳米晶的基础上，再结合摩擦技术就形成了摩擦喷射电沉积技术，如图7-27（a）所示。其最大特点是摩擦阶段与喷射沉积阶段是分离的，上部工件完成电沉积后，会旋转进入下部硬质粒子堆中摩擦，然后又回到上部进行喷射电沉积。采用这种方法可以加工出如图7-27（b）所示的表面粗糙度低至几十纳米的"镜面"纳米晶镍镀层。利用喷射电沉积的大极限电流密度，以及电场与流场控制技术，可引导喷射电沉积在三维空间内向某一方向择优生长，并由此而形成原位成形多孔金属结构件，如图7-27（c）所示。

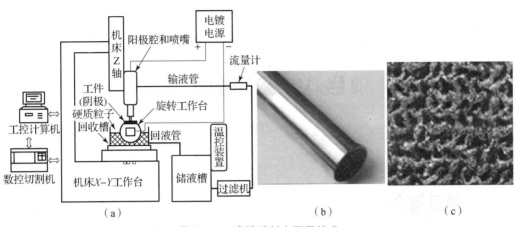

图 7 – 27　摩擦喷射电沉积技术

（a）摩擦喷射电沉积示意图；（b）镜面纳米晶镍镀层；（c）多孔金属镍构件

思考与练习

1. 为什么说电化学加工过程中的阳极溶解是氧化过程，而阴极沉积是还原过程？

2. 原电池、微电池、干电池、蓄电池的正极和负极，与电解加工中的阳极和阴极有何区别？两者的电流（或电子流）方向有何区别？

3. 举例说明电极电位理论在电解加工中的具体应用。

4. 阳极钝化现象在电解加工中是优点还是缺点？举例说明。

5. 在厚度为 64 mm 的低碳钢板上用电解加工方法加工通孔，已知阴极直径为 $\phi24$ mm，端面平衡间隙 $\Delta = 0.2$ mm。求：

（1）当阴极侧面不绝缘时，加工的通孔在钢板上表面及下表面的孔径各是多少？

（2）当阴极侧面绝缘且阴极侧面工作圈高度 $b = 1$ mm 时，所加工的孔径是多少？

6. 电解加工（如套料、成形加工等）的自动进给系统和电火花加工的自动进给系统有何异同？为什么会形成这些不同？

7. 电解加工时，何谓电流效率？它与电能利用率有何不同？如果用 12 V 的直流电源（如汽车蓄电池）做电解加工，电路中串联一个滑动电阻器来调节电解加工时的电压和电流（如调节两极间隙电压为 8 V），问：这样是否会降低电解加工时的电流效率？为什么？

8. 电解加工时的电极间隙蚀除特性与电火花加工时的电极间隙蚀除特性有何不同？为什么？

9. 如何利用电极间隙的理论进行电解加工阴极工具的设计？

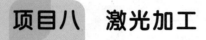

项目八 激光加工

项目简介

同学们观察图8-1中的零件，这些零件是如何加工出来的呢？对冲压模具加工比较了解的同学可能会回答，是用冲裁加工来实现的；也有的同学会说这些零件是用线切割加工出来的，其实这些产品都是用激光加工出来的，因为激光加工比传统的冲裁模具加工方法周期更短、加工成本更低、加工质量更好，产品几乎不会发生受力变形。本项目将介绍这种神奇、高效的、以激光作为加工工具的方法——激光加工技术。

图8-1 激光加工的零件

项目分解

任务一 认识激光加工技术原理
任务二 激光加工技术的应用

项目目标

知识目标
1. 掌握激光加工的原理与特点
2. 理解激光加工的基本设备
3. 掌握激光加工技术及应用

能力目标

1. 能够分析激光加工技术的原理
2. 能够掌握激光技术的加工设备
3. 能够掌握激光技术加工工件的方法

素质目标

1. 培养安全规范的生产意识
2. 培养严谨认真的工作作风
3. 培养分析和解决问题的能力

任务一　认识激光加工技术原理

任务导入

激光技术是 20 世纪 60 年代初发展起来的一门学科，激光的应用领域非常广泛，如医学领域，在美国所有手术中利用激光进行手术的比例已经达到 10% 左右；军事领域中激光测距、激光制导、激光通信及激光武器都有大量的应用；信息产业中激光全息存储技术则是一种利用激光干涉原理将图文等信息记录在感光介质上的大容量信息存储技术。但到目前为止，应用最多的还是在材料加工领域，已逐步形成一种崭新的加工方法——激光加工。

激光加工是利用光的能量经过透镜聚焦后在焦点上达到很高的能量密度，依靠光热效应来加工各种材料的方法。人们曾用透镜将太阳光聚焦，使纸张、木材引燃，但无法用作材料加工，这是因为首先地面上太阳光的能量密度不高，其次太阳光不是单色光，而是红、橙、黄、绿、青、蓝、紫等多种不同波长的多色光，聚焦后焦点并不在同一平面内。

只有激光是可控的单色光，强度高，能量密度大，可以在空气介质或者其他气氛中高速加工各种材料。激光加工可以用于打孔、切割、成形、焊接、热处理等领域。由于激光加工不需要加工刀具，而且加工速度快、表面变形小、可以加工各种材料，故已经在生产实践中越来越多地显示出它的优越性，受到人们的普遍重视。

任务目标

知识目标

1. 掌握激光加工技术的原理
2. 理解激光加工技术的特点

能力目标

能够初步分析激光加工的原理

素质目标

培养分析和解决问题的能力

知识链接

一、激光加工的原理与特点

1. 激光的产生

1）光的物理概念

光具有波粒二象性。根据光的电磁学说，可以认为光实质上是在一定波长范围内的电磁波，同样也有波长 λ、频率 v、波速 c（在真空中，$c = 3 \times 10^{10}$ cm/s $= 3 \times 10^8$ m/s），它们三者之间的关系为

$$\lambda = \frac{c}{v}$$

如果把所有电磁波按波长和频率依次进行排列，就可以得到电磁波波谱，如图 8 – 2 所示。人们把能够看见的光称为可见光，它的波长为 0.4 ~ 0.76 μm。可见光根据波长不同分为红、橙、黄、绿、蓝、青、紫等 7 种，波长大于 0.76 μm 的称为红外光或红外线，小于 0.4 μm 的称为紫外光或紫外线。

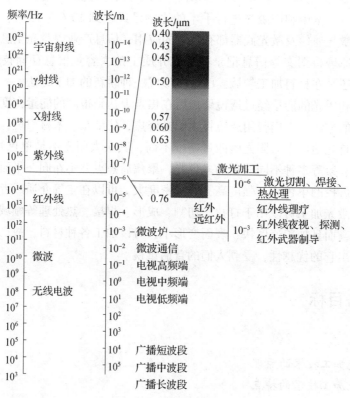

图 8 – 2 电磁波波谱图

根据光的量子学说，又可以认为光是一种具有一定能量的、以光速运动的粒子流，这种具有一定能量的粒子就称为光子。不同频率的光对应于不同能量的光子，光子的能量与光的频率成正比，即

$$E = hv$$

式中：E——光子能量；

　　　h——普朗克常数；

　　　v——光的频率。

对应于波长为 $0.4\ \mu m$ 的紫光的光子能量为 $4.96 \times 10^{-17}\ J$，对应于波长为 $0.7\ \mu m$ 的红光的光子能量为 $2.84 \times 10^{-17}\ J$。一束光的强弱与这束光所含的光子多少有关，对同一频率的光来说，所含的光子数多，即表现为强；反之，表现为弱。

2）原子的发光

原子是由原子核和绕原子核转动的电子组成的。原子的内能就是电子绕原子核转动的动能和电子被原子核吸引的位能之和。如果由于外界的作用，使电子与原子核的距离增大或缩小，则原子的内能也随之增大或缩小。

只有电子在最靠近原子核的轨道上运动才是最稳定的，人们把此时原子所处的能级状态称为基态。当外界传给原子一定的能量时（如用光照射原子），原子的内能增加，外层电子的轨道半径扩大，被激发到高能级，即称为激发态或高能态。

图 8–3 所示为氢原子的能级，图中最低的能级 E_1 称为基态，其余 E_2、E_3 等都称为高能态。

被激发到高能级的原子一般是很不稳定的，它总是力图回到能量较低的能级去，原子从高能级回落到低能级的过程称为"跃迁"。

在基态时，原子可以长时间存在，而在激发状态时各种高能级的原子停留的时间（称为寿命）一般都较短，通常在 $0.01\ ms$ 左右。但有些原子或离子的高能级或次高能级有较长的寿命，这种寿命较长的较高能级称为亚稳态能级。激光器中的氦原子、二氧化碳分子及固体激光材料中的铬离子或钕离子等都具有亚稳态能级，这些亚稳态能级的存在是形成激光的重要条件。

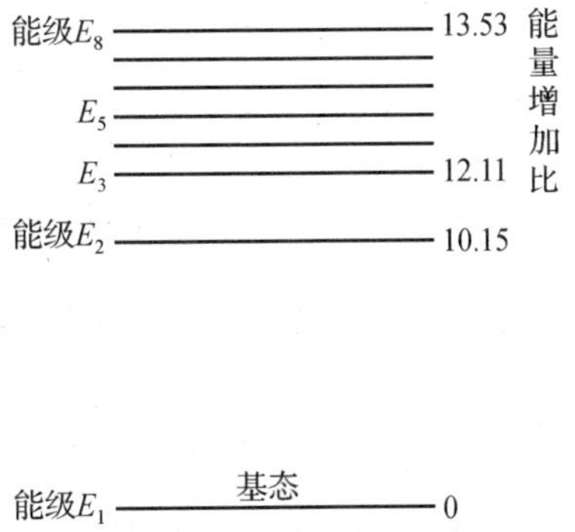

能级 E_8 ———————— 13.53　能
　　　　————————
　　　E_5 ————————　量
　　　E_3 ————————　增
能级 E_2 ———————— 12.11　加
　　　　————————　比
　　　　———————— 10.15

能级 E_1 ———— 基态 ———— 0

图 8–3　氢原子的能级

当原子从高能级跃迁回到低能级或基态时，常常会以光子的形式辐射出光能量，所放出光的频率与高能态 E_n 和低能态 E_1 之差有以下关系：

$$v = \frac{E_n - E_1}{h}$$

原子从高能态自发地跃迁到低能态而发光的过程称为自发辐射。当一束光入射到具有大量激发态原子的系统中时，若这束光的频率 v 与 $\frac{E_n - E_1}{h}$ 很接近，则处在激发能级上的原子在这束光的刺激下会跃迁回较低能级，同时发出一束光，这束光与入射光有着完全相同的特性，它的频率、相位、传播方向、偏振方向都是完全一致的，这样的发光过程称为受激辐射。

3）激光的产生

某些具有亚稳态能级结构的物质，在一定外来光子能量激发的条件下会吸收光能，使处于较高能级（亚稳态）的原子（或粒子）数目大于处于低能级（基态）的原子数目，这种现象称为"粒子数反转"。在粒子数反转的状态下，如果有一束光子照射该物体，而光子的能量恰好等于这两个能级相对应的能量差，此时就能产生受激辐射，输出大量的光能。

例如，人工晶体红宝石基本成分是氧化铝，其中掺有 0.05% 的氧化铬，正铬离子镶嵌在氧化铝的晶体中，能发射激光的是正铬离子。当脉冲氙灯照射红宝石时，会使处于基态 E_1 的铬离子大量激发到 E_n 状态，由于 E_n 寿命很短，故 E_n 状态的铬离子又很快地跳到寿命较长的亚稳态 E_2。如果照射光足够强，就能够在 0.000 3 s 的时间内把半数以上的原子激发到高能级 E_n，并转移到 E_2，从而在 E_2 和 E_1 之间实现粒子数反转，如图 8-4 所示。这时当用频率 $v = \dfrac{E_2 - E_1}{h}$ 的光子去照射刺激它时，就可以产生从能级 E_2 到 E_1 的受激辐射跃迁，出现雪崩式连锁反应，发出频率 $v = \dfrac{E_2 - E_1}{h}$ 的单色性好的光，这就是激光。

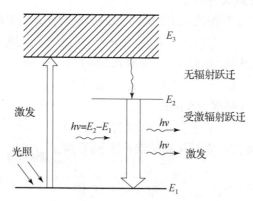

图 8-4　粒子数反转的建立和激光形成

2. 激光的特性

激光也是一种光，它具有一般光的共性，也有它自己的特性。普通光源的发光是以自发辐射为主，基本上是无秩序、相互独立地产生光发射的，发出的光波无论是方向、相位还是偏振状态都是不同的。激光则不同，它的光发射是以受激辐射为主，发光物质基本上是有组织、相互关联地产生光发射的，发出的光波具有相同的频率、方向、偏振态和严格的相位关系。正是这个质的区别才导致激光具有强度高、单色性好、相干性好和方向性好等特点。

1）强度高

一台红宝石脉冲激光器的亮度要比高压脉冲氙灯高 370 亿倍，比太阳表面的亮度也要高 200 多亿倍，所以激光的亮度和强度特别高。激光的强度和亮度之所以如此高，原因在于激光可以实现光能在空间和时间上的亮度集中。

就光能在空间上的集中而论，如果能将分散在 180° 立体角范围内的光能全部压缩到 0.18° 立体角范围内发射，则在不必增加总发射功率的情况下，发光体在单位立体角内的发射功率即可提高 100 万倍，亦即其亮度提高 100 万倍。

就光能量在时间上的集中而论，如果把 1 s 内所发出的光压缩在亚毫秒数量级的时间内发射，形成短脉冲，则在总功率不变的情况下，瞬时脉冲功率又可以提高几个数量级，从而可大大提高激光的亮度。

表 8-1 所示为常见光源亮度的比较。

表 8 – 1　常见光源亮度的比较

光源	亮度/sd（熙提）[①]
蜡烛	约 0.5
电灯	约 470
炭弧	约 9 000
超高压水银灯	约 1.2×10^5
太阳	约 1.65×10^5
高压脉冲氙灯	约 10^5
红宝石等固体脉冲激光器	约 3.7×10^{15}

注：[①] 1 熙提（sd）= 10^4 坎·米^2（cd·m^2）。

2）单色性好

"单色"指光的波长（或者频率）为一个确定的数值，实际上严格的单色光是不存在的。

波长为 λ_0 的单色光是指中心波长为 λ_0、谱线宽为 $\Delta\lambda$ 的一个光谱范围。$\Delta\lambda$ 称为该单色光的谱线宽，是衡量单色性好坏的尺度，其值越小，单色性就越好。

在激光出现以前，单色性最好的光源要算氪灯，它发出的单色光 $\lambda_0 = 605.7$ nm，在低温条件下 $\Delta\lambda$ 只有 0.000 47 nm。激光出现后，单色性有了很大的飞跃，单纵模稳频激光的谱线宽度可以小于 10^{-8} nm，单色性比氪灯提高了上万倍。

3）相干性好

光源的相干性可以用相干时间或相干长度来度量。相干时间是指光源先后发出的两束光能够产生干涉现象的最大时间间隔。在相干时间这个最大的时间间隔内光所走的路程（光程）就是相干长度，它与光源的单色性密切有关，即

$$L = \frac{\lambda_0^2}{\Delta\lambda}$$

式中：L——相干长度；

　　　λ_0——光源的中心波长；

　　　$\Delta\lambda$——光源的谱线宽度。

由此可知，单色性越好，$\Delta\lambda$ 越小，相干长度就越大，光源的相干性也越好。某些单色性很好的激光器所发出的光，采取适当措施以后，其相干长度可达到几十千米；而单色性很好的氪灯所发出的光，相干长度仅为 78 cm，用它进行干涉测量时最大可测长度只有 38.5 cm，其他光源的相干长度就更小了。

4）方向性好

光束的方向性是用光束的发散角来表征的。普通光源由于各个发光中心是独立地发光，而且各具有不同的方向，所以发射的光束是很发散的，即使加上聚光系统，要使光束的发散角小于 0.1 sr[①]，仍是十分困难的。激光则不同，它的各个发光中心是互相关联地定向发射，

——————————

[①]　sr：球面度，立体角的国际单位。

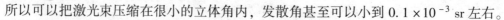

所以可以把激光束压缩在很小的立体角内，发散角甚至可以小到 0.1×10^{-3} sr 左右。

3. 激光的加工原理

由于激光的发散角小和单色性好，理论上可以聚焦到尺寸与光的波长相近的（微米甚至亚微米）小斑点上，加上其本身强度高，故可以使其焦点处的功率密度达到 $10^8 \sim 10^{11}$ W · cm^{-2}，温度可达 $10\,000$ ℃以上。在这样的高温下，任何材料都将瞬时急剧熔化和气化，并爆炸性地高速喷射出来，同时产生方向性很强的冲击。因此，激光加工是工件在光热效应下产生高温熔融和受冲击波抛出的综合过程，如图 8－5 所示。

激光加工是以激光为热源，对材料进行热加工，其过程大体分为：激光束照射材料，材料吸收光能，光能转变为热能使材料加热，通过气化和熔融溅出使材料去除或改性等。不同的加工工艺有不同的加工过程，有的要求激光对材料加热

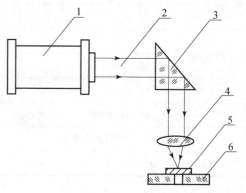

图 8－5　激光加工示意图
1—激光器；2—激光束；3—全反射棱镜；
4—聚焦物镜；5—工件；6—工作台

并去除材料，如打孔、切割、动平衡、微调等；有的要求将材料加热到熔化程度而不要求去除，如焊接加工；有的则要求加热到一定温度使材料产生相变，如热处理等；有的则要求尽量减少激光的热影响，如激光冲击成形。

4. 激光加工的特点

（1）由于激光的功率密度高，加工的热作用时间很短，热影响区小，因此几乎可以加工任何材料，如各种金属材料、非金属材料（陶瓷、金刚石、立方氮化硼、石英等）。

（2）激光加工不需要工具，不存在工具损耗、更换和调整等问题，适于自动化连续操作。

（3）激光束可聚焦到微米级，输出功率可以调节，且加工中没有机械力的作用，故适合于精密微细加工。

（4）可以透过透明的物质（如空气、玻璃等），故激光可以在任意透明的环境中操作，包括空气、惰性气体、真空甚至某些液体。

（5）激光加工不受电磁干扰。

（6）激光除可用于材料的蚀除加工外，还可以进行焊接、热处理、表面强化或涂敷、引发化学反应等的加工。

 任务拓展

激光加工的基本设备

1. 激光加工基本设备的组成

激光加工的基本设备包括激光器、电源、光学系统及机械系统等四大部分。

（1）激光器可以把电能转变成光能，产生激光束。

（2）激光器电源为激光器提供所需要的能量及控制功能。

（3）光学系统包括激光聚焦系统和观察瞄准系统。观察瞄准系统能观察和调整激光束的焦点位置，并将加工位置显示在投影仪上。

（4）机械系统主要包括床身、能在三坐标范围内移动的工作台及机电控制系统等，目前已实现数控操作。

2. 激光器

激光器按工作物质的种类可分为固体激光器、气体激光器、液体激光器和半导体激光器四大类。由于 He – Ne（氦 – 氖）气体激光器所产生的激光不仅容易控制，而且方向性、单色性及相干性都比较好，因而在机械制造的精密测量中被广泛采用。在激光加工中要求输出功率与能量大，目前多采用二氧化碳气体激光器、氩离子激光器及红宝石、钕玻璃、YAG（掺钕钇铝石榴石）等固体激光器。按激光器的工作方式可大致分为连续激光器和脉冲激光器。表 8 – 2 列出了激光加工中常用激光器的主要性能特点。

表 8 – 2　常用激光器的主要性能特点

种类	工作物质	激光波长 /μm	发散角 /rad	输出方式	输出能量或功率	主要用途
固体激光器	红宝石（Al_2O_3，Cr^{3+}）	0.69	$10^{-2} \sim 10^{-8}$	脉冲	几个至 10 J	打孔、焊接
	钕玻璃（Nd^{3+}）	1.06	$10^{-2} \sim 10^{-3}$	脉冲	几个至几十焦耳	打孔、焊接
	掺钕钇铝石榴石 YAG（$Y_3Al_5O_{12}$，Nd^{3+}）	1.06	$10^{-2} \sim 10^{-3}$	脉冲	几个至几十焦耳	打孔、切割、焊接、微调
				连续	$100 \sim 1\ 000$ W	
气体激光器	二氧化碳（CO_2）	10.6	$10^{-2} \sim 10^{-3}$	脉冲	几焦耳	切割、焊接、热处理、微调
				连续	几十至几千瓦	
	氩（Ar^*）	0.514 5 0.488 0				光盘录刻存储

1）固体激光器

固体激光器一般采用光激励，能量转化环节多，光的激励能量大部分转换为热能，所以效率低。为了避免固体介质过热，固体激光器通常多采用脉冲工作方式，并用合适的冷却装置，较少采用连续工作方式。由于晶体缺陷和温度引起的光学不均匀性，故固体激光器不易获得单模而倾向于多模输出。

由于固体激光器的工作物质尺寸比较小，因而其结构比较紧凑。图 8 – 6 所示为固体激光器的结构示意图，它包括工作物质、光泵、玻璃套管和滤光液、冷却水、聚光器及谐振腔等部分。

光泵的作用是为工作物质供给光能，一般都用氙灯或氪灯作为光泵。脉冲状态工作的氙灯有脉冲氙灯和重复脉冲氙灯两种，前者只能每隔几十秒工作一次，后者可以每秒工作几次至十几次，后者的电极需要用水冷却。

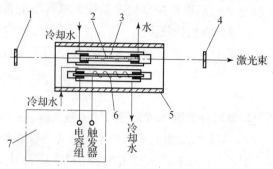

图 8-6 固体激光器结构示意图

1—全反射镜；2—工作物质；3—玻璃套管；4—部分反射镜；5—聚光器；6—氙灯；7—电源

聚光器的作用是把氙灯发出的光能聚集在工作物质上，一般可将氙灯发出来的 80% 左右的光能集中在工作物质上。常用的聚光器有如图 8-7 所示的各种形式，即圆球形、圆柱形和紧包裹形。其中，圆柱形加工制造方便，用得较多；椭圆柱形聚光效果较好，也常被采用。为了提高反射率，聚光器内面需磨平抛光至 $Ra0.025~\mu m$，并蒸镀一层银膜、金膜或铝膜。

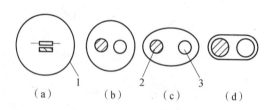

（a）　　　（b）　　（c）　　　（d）

图 8-7 各种聚光器

（a）圆球形；（b）圆柱形；（c）椭圆柱形；（d）紧包裹形

1—聚光器；2—工作物质；3—氙灯

滤光液和玻璃套管的作用是滤去氙灯发出的紫外线成分，因为这些紫外线成分对于钕玻璃和掺钕钇铝石榴石都是十分有害的，它会使激光器的效率显著下降。常用的滤光液是重铬酸钾溶液。

谐振腔由两块反射镜组成，其作用是使激光沿轴向来回反射共振，用于加强和改善激光的输出。固体激光器常用的工作物质有红宝石、钕玻璃和掺钇铝石榴石三种。

（1）红宝石激光器。

红宝石是掺有质量分数为 0.05% 氧化铬的氧化铝晶体，发射 $\lambda = 0.6943~mm$ 的红光，稳定性好。红宝石激光器是三能级系统，主要是铬离子起受激发射作用。图 8-8 表示红宝石激光跃迁情况，在高压氙灯的照射下，铬离子从基态 E_1 被抽运到 E_3 吸收带，由于 E_3 平均寿命短，通常小于 $10^{-7}~s$，大部分粒子通过无辐射跃迁落到亚稳态 E_2 上，E_2 的平均寿命为 $3 \times 10^{-3}~s$，比 E_3 高数万倍，所以在 E_2 上可储存大量粒子，实现 E_2 和 E_1 能级之间的粒子数反转，发射激光。红宝石激光器一般都是脉冲输出，工作频率一般小于 1 次/s。

红宝石激光器在激光加工发展初期用得较多，现在大多已被钕玻璃激光器和掺钇铝石榴石激光器所代替。

（2）钕玻璃激光器。

钕玻璃是掺有少量氧化钕（Nd_2O_3）的非晶体硅酸盐玻璃，钕离子（Nd^{3+}）的质量分数为 $1\% \sim 5\%$，发射 $\lambda = 1.06\ \mu m$ 的红外激光。

钕玻璃激光器是四能级系统，有中间过渡能级，比三能级系统更容易实现粒子数的反转，如图 8-9 所示。处于基态 E_1 的钕离子吸收氙灯很宽范围的光谱而被激发到 E_4 能级，E_4 能级的平均寿命很短，通过无辐射跃迁到 E_3 能级，E_3 能级的寿命可长达 $3 \times 10^{-4}\ s$，所以形成 E_3 和 E_2 能级的粒子数反转，当 E_3 能级粒子回到 E_2 能级时，即发出红外激光。

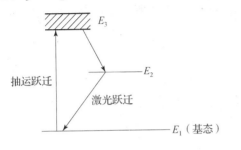

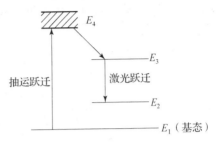

图 8-8 红宝石激光跃迁　　　　　图 8-9 钕玻璃激光跃迁

钕玻璃激光器的效率可达 $2\% \sim 3\%$，钕玻璃棒具有较高的光学均匀性，光线的发射角小，特别适用于精密微细加工；钕玻璃价格低，易做成较大尺寸，输出功率可以做得比较大。其缺点是导热性差，必须有合适的冷却装置。其一般以脉冲方式工作，工作频率每秒几次，广泛用于打孔、切割焊接等工作。

（3）掺钕钇铝石榴石（YAG）激光器。

YAG 是在钇铝石榴石（$Y_3Al_5O_{12}$）晶体中掺以 1.5% 左右的钕而制成的，是四能级系统激光器，产生激光的是钕离子，发射 $\lambda = 1.06\ \mu m$ 的红外激光。

钇铝石榴石晶体的热物理性能好，有较大的导热性，膨胀系数小，机械强度高，它的激励阈值低，效率可达 3%。钇铝石榴石激光器可以脉冲方式工作，也可以连续方式工作，工作频率可达 $10 \sim 100$ 次/s，连续输出功率可达几百瓦。尽管其价格比钕玻璃贵，但由于其性能优越，故广泛用于打孔、切割焊接和微调等工作。

2）气体激光器

气体激光器一般采用电激励，因其效率高、寿命长、连续输出功率大，所以广泛用于切割、焊接和热处理等加工。常用于材料加工的气体激光器有二氧化碳激光器和氩离子激光器等。

（1）二氧化碳激光器。

二氧化碳激光器是以二氧化碳气体为工作物质的分子激光器，连续输出功率可达万瓦，是目前连续输出功率最高的气体激光器，它发出的谱线是在 $10.6\ \mu m$ 附近的红外区，输出的最强激光的波长为 $10.6\ \mu m$。

二氧化碳激光器的效率可以高达 20% 以上，这是因为二氧化碳激光器的工作能级寿命比较长，通常为 $10^{-1} \sim 10^{-3}\ s$。工作能级寿命长有利于粒子数反转的积累。另外，二氧化碳的工作能级离基态近，激励阈值低，而且电子碰撞分子把分子激发到工作能级的概率比较大。

为了提高激光器的输出功率，二氧化碳激光器一般都加进氮（N_2）、氦（He）、氙（Xe）等辅助气体和水蒸气。

二氧化碳激光器的一般结构如图 8 - 10 所示，主要包括放电管、谐振腔、冷却系统和激励电源等。

放电管一般用硬质玻璃管做成，对要求高的二氧化碳激光器可以采用石英玻璃管来制造；放电管的直径约为几厘米，长度可以从几十厘米至数十米。二氧化碳气体激光器的输出功率与放电管的长度成正比，通常每米长的管子，其输出功率平均可达 40 ~ 50 W。为了缩短空间长度，长的放电管可以做成折叠式，如图 8 - 10（b）所示，折叠的两段之间用全反射镜来连接光路。

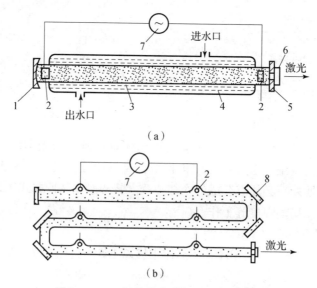

（a）

（b）

图 8 - 10　二氧化碳激光器的结构示意图

1—反射镜；2—电极；3—放电管；4—冷却水；5—反射镜；6—红外材料；7—电流电源；8—全反射镜

二氧化碳气体激光器的谐振腔多采用平凹腔，一般总以凹面镜作为全反射镜，而以平面镜作为输出端反射镜。全反射镜一般镀金属膜，如金膜、银膜或铝膜，这三种膜对 10.6 μm 波长光的反射率都很高，所以用得最多。输出端的反射镜可有几种形式：第一种形式是在一块全反射镜的中心开一小孔，外面再贴上一块能透过 10.6 μm 波长光的红外材料，激光就从这个小孔输出；第二种形式是用锗或硅等能透过红外的半导体材料做成反射镜，表面也镀上金膜，而在中央留个小孔不镀金，效果和第一种差不多；第三种形式是用一块能透过 10.6 μm 波长光的红外材料加工成反射镜，再在它上面镀以适当反射率的金膜或介质膜。目前第一种形式用得较多。

二氧化碳激光器的激励电源可以用射频电源、直流电源、交流电源和脉冲电源等，其中交流电源用得最为广泛。二氧化碳激光器一般都用冷阴极，常用电极材料有镍、钼和铝。因为镍发射电子的性能比较好，溅射比较小，而且在适当温度时还有使 CO 还原成 CO_2 分子的催化作用，有利于保持功率稳定和延长寿命。所以，现在一般都用镍作为电极材料。

（2）氩离子激光器。

氩离子激光器是氩（Ar）通过气体放电，使氩原子电离并激发，实现离子数反转而产生激光,其结构如图8-11所示。

氩离子激光器发出的谱线很多,最强的是波长为0.514 5 μm的绿光和波长为0.488 0 μm的蓝光。因为其工作能级离基态较远,所以能量转换效率低,一般仅为0.05%左右。通常采用直流放电,放电电流为10~100 A。当功率小于1 W时,放电管可用石英管;功率较高时,为承受高温而用氧化铍(BeO)或石墨环做放电管。在放电管外加一适当的轴向磁场,可使输出功率提高1~2倍。

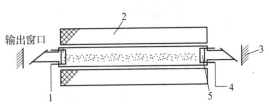

图8-11 氩离子激光器
1—阳极;2—螺线管;3—全反射镜;
4—灯丝;5—阴极

由于氩离子激光器波长短、发散角小,所以可用于精密微细加工,如用于激光存储光盘基板的蚀刻制造等。

任务二　激光加工技术的应用

任务导入

随着近代工业技术的发展,硬度大、熔点高的材料应用越来越多,并且常常要求在这些材料上打出又小又深的孔,如钟表或仪表的宝石轴承、钻石拉丝模具、化学纤维的喷丝头及火箭或柴油发动机中的燃料喷嘴等。这类加工任务用常规的机械加工方法很困难,有的甚至是不可能的,而用激光打孔则能比较好地完成任务,如图8-12所示。

图8-12 激光打孔示意图

任务目标

知识目标
1. 掌握激光打孔的加工方法
2. 掌握激光切割的加工方法
3. 掌握激光打标的加工方法
能力目标
能够使用激光加工设备打孔、切割和打标
素质目标
培养分析和解决问题的能力

知识链接

一、激光打孔

激光打孔的原理为加工头将激光束聚焦在材料需加工孔的位置上，适当选择各加工参数，激光器发出光脉冲就可以加工出需要的孔，如图 8-13 所示。

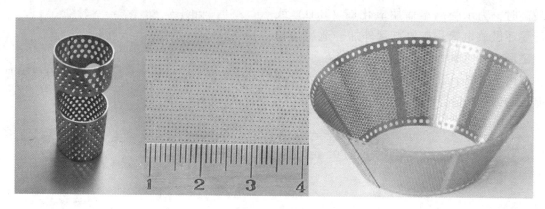

图 8-13　激光打孔实物

激光打孔的特点：

（1）加工能力强、效率高，几乎所有的材料都能用激光打孔；

（2）打孔孔径范围大；

（3）激光打孔为非接触式加工，不存在工具磨损及更换问题；

（4）由于激光能量在时空内的高度集中，故打孔效率非常高；

（5）激光还可以打斜孔（不垂直于加工表面）；

（6）激光打孔不需要抽真空，能在大气或特殊成分气体中打孔，利用这一特点可向被加工表面渗入某种强化元素，在实现打孔的同时还可对成孔表面进行激光强化。

在激光打孔中，要详细了解打孔的材料及打孔要求。从理论上讲，激光可以在任何材料的不同位置，打出浅至几微米，深至二十几毫米以上的小孔，但具体到某一台打孔机，它的打孔范围是有限的。所以，在打孔之前，最好对现有激光器的打孔范围进行充分的了解，以确定能否打孔。

激光打孔的质量主要与激光器输出功率和照射时间、焦距与发散角、焦点位置、光斑内能量分布、照射次数及工件材料等因素有关，在实际加工中应合理选择这些工艺参数。

二、激光切割

激光切割的原理与激光打孔相似，但工件与激光束要相对移动。在实际加工中，采用工作台数控技术，可以实现激光数控切割，如图 8-14 所示。

在激光切割过程中，影响激光切割参数的主要因素有激光功率、吹气压力、材料厚度等。激光切割大多采用大功率的二氧化碳激光器，对于精细切割，也可采用 YAG 激光器。

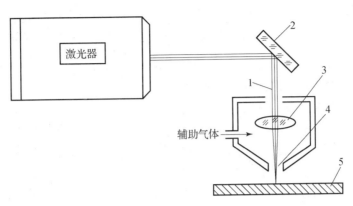

图 8 – 14 二氧化碳气体激光器切割钛合金示意图

1—激光束；2—平面镜；3—聚焦透镜；4—喷嘴；5—钛合金

激光可以切割金属，也可以切割非金属。在激光切割过程中，由于激光对被切割材料不产生机械冲击和压力，再加上激光切割切缝小、便于自动控制，故在实际中常用来加工玻璃、陶瓷及各种精密细小的零部件，如图 8 – 15 所示。

图 8 – 15 激光切割实物

激光切割的特点：

（1）切割速度快，热影响区小，工件被切部位的热影响层的深度为 0.05 ~ 0.1 mm，因而热畸变形小。

（2）割缝窄，一般为 0.1 ~ 1 mm，割缝质量好，切口边缘平滑，无塌边，无切割残渣。

（3）切边无机械应力，工件变形极小。

（4）无刀具磨损，没有接触能量损耗，也不需要更换刀具，切割过程易于实现自动控制。

（5）激光束聚焦后功率密度高，能够切割各种材料，如高熔点材料、硬脆材料等。

（6）可在大气中或任意气体环境中进行切割，不需要真空装置。

三、激光打标

激光打标是指利用高能量的激光束照射在工件表面，光能瞬时变成热能，使工件表面材料迅速产生蒸发，从而在工件表面刻出任意所需要的文字和图形，以作为永久防伪标志，如图 8 - 16 所示。

激光打标的特点：

（1）非接触加工，可在任何异形表面标刻，工件不会变形和产生内应力，适于金属、塑料、玻璃、陶瓷、木材、皮革等各种材料。

（2）标记清晰、永久、美观，并能有效防伪。

（3）标刻速度快，运行成本低，无污染，可显著提高被标刻产品的档次。

激光打标广泛应用于电子元器件、汽（摩托）车配件、医疗器械、通信器材、计算机外围设备、钟表等产品和烟酒食品防伪等行业，如图 8 - 17 所示。

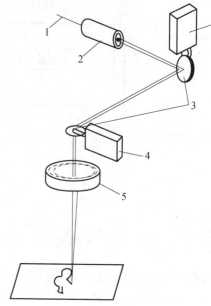

图 8 - 16　振镜式激光打标原理

1—激光束；2—光束准直；3—振镜；
4—Y 轴电动机；5—透镜

图 8 - 17　激光打标实物

 任务拓展

一、激光焊接技术

当激光的功率密度为 $10^5 \sim 10^7$ W/cm^2、照射时间约为 1/100 s 时，可进行激光焊接。激光焊接一般无须焊料和焊剂，只需将工件的加工区域"热熔"在一起即可，如图 8 - 18 所示。

图 8-18　激光焊接过程示意图

1—激光；2—被焊接零件；3—被熔化金属；4—已冷却的熔池

激光焊接速度快，热影响区小，焊接质量高，既可焊接同种材料，也可焊接异种材料，还可透过玻璃进行焊接。

激光焊接的优点：

（1）激光能量密度高，这对高熔点、高热导率材料的焊接特别有利。

（2）焊缝深宽比大，比能小，热影响区小，焊件变形小，故特别适于精密、热敏感部件的焊接，常可以免去焊后矫形和加工工艺。

（3）一般不加填充金属。

（4）激光可透过透明体进行焊接，以防杂质污染和腐蚀，适用于真空仪器元件的焊接。

（5）焊接系统具有高度的柔性，易于实现自动化。

激光焊接也有局限性：

（1）要求被焊件有高的装配精度，原始装配精度不能因焊接过程热变形而改变，且光斑应严格沿待焊缝隙扫描，而不能有显著的偏移。

（2）激光器及其焊接系统的成本较高，一次投资较大。激光焊接在很多方面与电子束焊接类似，其焊接质量略逊于电子束焊接。但电子束焊接只能在真空中进行，而激光焊接能在大气中进行，比较适合于工业应用，如图 8-19 所示。

图 8-19　激光焊接实物

二、激光表面处理

当激光的功率密度为 $10^3 \sim 10^5$ W/cm² 时，便可对铸铁、中碳钢，甚至低碳钢等材料进行激光表面淬火，淬火层深度一般为 0.7~1.1 mm，淬火层硬度比常规淬火约高 20%。激光淬火不仅变形小，而且还能解决低碳钢的表面淬火强化问题。图 8-20 所示为激光表面淬火处理应用实例。

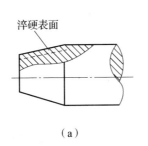
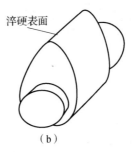

（a）　　　　　　　　　　　（b）

图 8-20　激光表面淬火处理应用实例

（a）圆锥表面；（b）铸铁凸轮轴表面

思考与练习

1. 激光产生的原理和加工特性是什么？

2. 激光加工的基本设备由哪些部分组成？

3. 激光加工常用的激光器有哪些？

4. 激光加工有哪些加工工艺？各应用于什么场合？

项目九 超声加工技术

项目简介

同学们，大家可能都听说过超声波，也知道超声波可以用来探测距离。蝙蝠正是利用鼻腔发出的超声波来探测空中的飞虫，从而准确地捕捉到它们的；同样利用超声波定位猎物的还有海豚，海豚靠发出的超声波能够在昏暗的海水中定位鱼群的位置并猎取它们。此外，潜艇头部安装的声呐也是利用超声波探测物体的原理来探测敌方的军舰和潜艇的。科学家受超声波探测并定位物体的原理发明了雷达，雷达的发明开启了人类探索大自然的新纪元。超声波在生活、生产、军事科技上都有着重要的作用，如图 9-1 所示。那么请大家思考一下，超声波还有哪些作用呢？

声纳
回声波

图 9-1 超声波的常见作用

项目分解

任务一　认识超声波加工技术

任务二　超声波加工技术的应用

项目目标

知识目标

1. 掌握超声波加工技术的原理

2. 理解超声波加工技术的特点

3. 掌握超声波加工设备的组成

4. 掌握超声波加工技术的使用

能力目标

1. 能够初步分析超声波加工技术原理

2. 能够根据零件特点合理选择超声波加工设备

素质目标

1. 培养安全规范的生产意识

2. 培养严谨认真的工作作风

3. 培养分析和解决问题的能力

任务一　认识超声波加工技术

任务导入

超声波除了用于探测物体外，还可以进行加工。超声波加工是指利用超声频做小振幅振动的工具，并通过它与工件之间游离于液体中的磨料对被加工表面的捶击作用，使工件材料表面逐步破碎的特种加工，英文简称为 USM。超声波加工常用于穿孔、切割、焊接、套料和抛光。

任务目标

知识目标

1. 掌握超声波加工技术的原理

2. 理解超声波加工技术的特点

能力目标

能够初步分析超声波加工技术原理

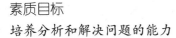

素质目标

培养分析和解决问题的能力

 知识链接

一、超声波及其特性

声波是人耳能感受到的一种纵波，它的频率为 16～16 000 Hz。当频率超过 16 000 Hz，超出人耳的听觉范围时，就称为超声波。人耳也听不到地震等频率低于 16 Hz 的次声波。超声波和声波一样，可以在气体、液体和固体介质中纵向（前进方向）传播。由于超声波频率高、波长短、能量大，所以传播时反射、折射、共振及损耗等现象更加显著。在不同介质中，超声波传播的速度 c 也不同（例如 $c_{空气} = 331$ m/s，$c_{水} = 1\ 430$ m/s，$c_{铁} = 5\ 850$ m/s），它与波长 λ 和频率 f 之间的关系可用下式表示：

$$\lambda = \frac{c}{f} \tag{9-1}$$

超声波主要具有下列特性：

（1）超声波能传递很强的能量。超声波的作用主要是对其传播方向上的障碍物施加压力（声压）。因此，有时可用这个压力的大小来表示超声波的强度，传播的波动能量越强，则其压力也越大。

振动能量的强弱用能量密度来衡量。能量密度就是通过垂直波传播方向的单位面积能量，用符号 J 来表示，单位为 W/cm²，则

$$J = \frac{1}{2}\rho c(\omega A)^2 \tag{9-2}$$

式中：ρ——弹性介质的密度（kg/m³）；

c——弹性介质中的波速（m/s）；

A——振动的振幅（mm）；

ω——角频率，$\omega = 2\pi f$（rad/s）。

由于超声波的频率 f 很高，因此其能量密度可达 100 W/cm² 以上。在液体或固体中传播超声波时，由于介质密度 ρ 和振动频率都比在空气中传播声波时高许多倍，因此同一振幅时，液体、固体中的超声波强度、功率、能量密度要比空气中的声波高千万倍。

（2）当超声波经过液体介质传播时，将以极高的频率压迫液体质点振动，在液体介质中连续地形成压缩和稀疏区域，由于液体基本上不可压缩，因此会产生压力正、负交变的液压冲击和空化现象。由于这一交变的脉冲压力作用在邻近的零件表面上会使其破坏，因此会引起固体物质分散、破碎等效应。

（3）超声波通过不同介质时，在界面上发生波速突变，产生波的反射和折射现象。能量反射的大小取决于两种介质的波阻抗（密度与波速的乘积 ρc 称为波阻抗），介质的波阻抗相差越大，超声波通过界面时能量的反射率越高。当超声波从液体或固体传入空气或者相反从空气传入液体或固体时，反射率都接近 100%，因为空气有可压缩性，更阻碍了超声波

的传播。为了改善超声波在相邻介质中的传递条件，往往在声学部件的各连接面间加入全损耗系统用凡士林作为传递介质，以消除空气及因它而引起的衰减，医学上做 B 超时要在探头上涂某种液体也是这个道理。

（4）超声波在一定条件下，会产生波的干涉和共振现象，图 9-2 所示为超声波在固体弹性杆（声和超声在一切固体中传播时，固体中的各点分子都可在原地振动，都可将固体看作弹性体）中传播时各质点振动的情况，图中把各点在水平方向的振幅画在垂直方向，以更加直观。当超声波从杆的一端向另一端传播时，在杆的端部将发生波的反射，所以在有限的弹性体中，实际存在着同周期、同振幅、传播方向相反的两个波，这两个完全相同的波从相反的方向汇合，就会产生波的干涉。当杆长符合某一规律时，杆上有些点在波动过程中位置始终不变，其振幅为零（为波节），而另一些点振幅最大，其振幅为原振幅的两倍（为波腹）。图 9-2 中 x 表示弹性杆上任意一点 b 相距超声波入射段的距离，入射波造成 b 点偏离平衡位置的位移为 a_1，反射波造成 b 点偏离平衡位置的移动为 a_2，则有

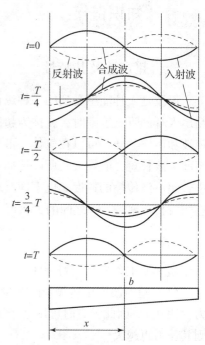

$$a_1 = A\mathrm{Sin}2\pi\left(\frac{t}{T} - \frac{x}{\lambda}\right)$$

$$a_2 = A\mathrm{Sin}2\pi\left(\frac{t}{T} + \frac{x}{\lambda}\right)$$

图 9-2 超声波在固体弹性杆内各质点的振动情况

则两个波所造成的 b 点的合成位移为 a_r，即

$$a_r = a_1 + a_2 = 2A\cos\frac{2\pi x}{\lambda}\sin\frac{2\pi}{T} \tag{9-3}$$

式中：x——b 点距离入射端的距离；

λ——振动的波长；

T——振动的周期；

A——振动的振幅；

t——振动的某一时刻。

由式（9-3）可知：当 $x = k\dfrac{\lambda}{2}$ 时，a 最大，b 点为波腹；当 $x = (2k+1)\dfrac{\lambda}{4}$ 时，a_r 为零，b 点为波节。其中，k 为正整数，$k = 0, 1, 2, 3, \cdots$。

为了使弹性杆处于最大振幅共振状态，应将弹性杆设计成半波长的整数倍，而固定弹性杆的支持点应选在振动过程中的波节处，这一点不振动。

二、超声加工的基本原理

超声加工是利用工具端面做超声频振动，通过磨料悬浮液加工脆硬材料的一种成形方法，加工原理如图 9-3 所示。加工时，在工具 1 与工件 2 之间加入液体（水或煤油等）和

磨料混合的悬浮液 3，并使工具以很小的力 F 轻轻压在工件上。超声换能器 6 产生 16 000 Hz 以上的超声频纵向振动，并借助于变频杆把振幅放大到 0.05～0.1 mm，驱动工具端面做超声振动，迫使工作液中悬浮的磨粒以很大的速度和加速度不断地撞击、抛磨被加工表面，把被加工表面的材料粉碎成很细的微粒，从工件上打击下来。虽然每次打击下来的材料很少，但由于每秒打击的次数多达 16 000 次以上，所以仍有一定的加工速度。与此同时，工作液受到工具端面超声振动作用而产生的高频、交变的液压正负冲击波和空化作用，促使工作液钻入被加工材料的微裂缝处，加剧了机械破坏作用。所谓空化作用，是指当工具端面以很大的加速度离开工件表面时，加工间隙内形成负压和局部真空，在工作液体内形成很多微空腔，当工具端面以很大的加速度接近工件表面时，空腔闭合，引起极强的液压冲击波，可以强化加工过程。此外，正负交变的液压冲击也会使悬浮工作液在加工间隙中强迫循环，使变钝的磨料及时得到更新。

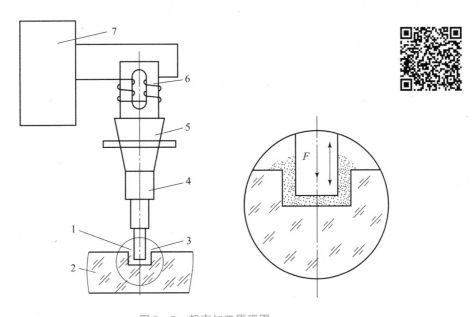

图 9-3 超声加工原理图

1—工具；2—工件；3—磨料悬浮液；4，5—变幅杆；6—超声换能器；7—超声发生器

由此可见，超声加工是磨粒在超声振动作用下的机械撞击和抛磨作用以及超声空化作用的综合结果，其中磨粒的撞击作用是主要的。

既然超声加工是基于局部撞击作用的，就不难理解，越是脆硬的材料，受撞击作用遭受的破坏越大，越易加工；相反，对于脆性和硬度不大的韧性材料，由于它的缓冲作用而难以加工。根据这个道理，人们可以合理选择工具材料，使之既能撞击磨粒，又不致使自身受到很大的破坏，例如，用 45 钢作为工具即可满足上述要求。

三、超声加工的特点

超声加工具有以下特点：

（1）适合加工各种脆硬材料，特别是不导电的非金属材料，如玻璃、陶瓷（氧化铝、氮化硅等)、石英、锗、硅、玛瑙、宝石、金刚石等。对于导电的硬质金属材料（如淬火钢、硬质合金等），也能进行加工，但加工生产率较低。

（2）工具可用较软的材料做成较复杂的形状，不需要使工具和工件做比较复杂的相对运动，因此超声加工机床的结构比较简单，只需在一个方向轻压进给，操作和维修方便。

（3）去除加工材料是靠极小的磨料瞬时局部的撞击作用，工件表面的宏观切削力很小，切削应力、切削热很小，不会引起变形及烧伤，表面粗糙度也较好，可达 $Ra1 \sim 0.1\ \mu m$，加工精度可达 $0.01 \sim 0.02\ mm$，而且可以加工薄壁、窄缝和低刚度零件。

 任务拓展

超声加工设备及其组成部分

超声加工设备又称为超声加工装置，它们的功率大小和结构形状虽有所不同，但其组成部分基本相同，一般包括：超声发生器（超声电源）；超声振动系统，包括超声换能器、变幅杆（振幅扩大棒）、工具；机床主体，包括工作头、加压机构、工作进给机构、工作台及其位置调整机构；磨料工作液及其循环系统，主要指磨料悬浮液循环系统。

1. 超声发生器

超声发生器也称为超声波发生器或超声频发生器，其作用是将工频交流电转变为有一定功率输出的超声频电振荡，以提供工具端面往复振动和去除被加工材料的能量。其基本要求是：输出功率和频率在一定范围内连续可调，最好能具有对共振频率自动跟踪和自动微调的功能；此外，要求结构简单、工作可靠、价格便宜、体积小等。

超声加工用的超声发生器，由于功率不同，因此有电子管式的，也有晶体管式的，且结构大小也不相同。大功率（1 kW 以上）的超声发生器，过去往往是电子管式的，近年来逐渐被晶体管式所取代。不管是电子管式的还是晶体管式的，超声发生器的组成框图都类似于图 9 - 4，分为振荡级、电压放大级、功率放大级及电源四部分。

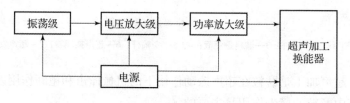

图 9 - 4　超声发生器的组成框图

振荡级由晶体管接成电感反馈振荡电路，调节电容量可改变振荡频率，即可调节输出超声频率。振荡级的输出经耦合至电压放大级进行放大后，利用变压器倒相输送到末级功率放大管，功率放大管有时用多管并联输出，经输出变压器输至换能器。

2. 超声振动系统

超声振动系统的作用是把高频电能转化为机械能，使工件端面做高频率、小振幅的振动，以进行加工，它是超声加工机床中很重要的部件。超声振动系统由超声换能器、变频杆（振幅扩大棒）及工具组成。

1）超声换能器

超声换能器的作用是将高频电振荡转换成机械振动，为实现这一目的可利用压电效应和磁致伸缩效应两种方法。

（1）压电效应超声换能器。

石英晶体、钛酸钡（$BaTiO_3$）及锆钛酸铅（$ZrPb-TiO_3$）等物质在受到机械压缩或拉伸变形时，在其两个相对表面上将产生一定的电荷，形成一定的电位；反之，在它们的两个相对表面上加以一定的电压，则将产生一定的机械变形，如图 9 - 5 所示，这一现象称为压电效应。如果两面加上 16 000 Hz 以上的交变电压，则该物质将产生高频的伸缩变形，使周围的介质做超声振动。为了获得最大的超声波强度，应使晶体处于共振状态，故晶体片厚度加上、下端块的长度应为声波半波长或其整倍数。

石英晶体的伸缩量太小，3 000 V 电压才能产生 0.01 μm 以下的变形，不适宜用作超声加工。但因石英晶体片的厚度、声电振动频率非常稳定，不受温度等环境影响，故广泛用于计算机、电子钟表中作为晶振芯片，用以精确控制时间。钛酸钡的压电效应比石英晶体大20 ~ 30 倍，但效率和机械强度不如石英晶体。锆钛酸铅具有两者的优点，可广泛用作超声波的清洗和探测。中、小功率（250 W 以下）超声加工的换能器常制成圆形薄片，两面镀银，先加高压直流电进行极化，一面为正极，另一面为负极，使用时，常将两片叠在一起，正极在中间，负极在两侧，经上、下端块用螺钉夹紧，如图 9 - 6 所示，装夹在机床主轴头变幅杆上端；正极必须与机床主轴绝缘；为了导电引线方便，常用一镍片夹在两个压电陶瓷片正极之间作为接线端片。压电陶瓷片的自振频率与其厚度、上下端块质量及夹紧力等成反比。

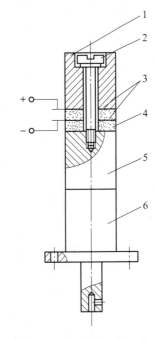

图 9 - 6 压电陶瓷换能器

1—上端块；2—压紧螺钉；3—导电镍片；
4—压电陶瓷；5—下端块；6—变幅杆

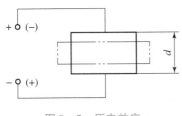

图 9 - 5 压电效应

（2）磁致伸缩效应超声换能器。

铁（Fe）、钴（Co）、镍（Ni）及其合金的长度能随其所处的磁场强度的变化而伸缩的现象称为磁致伸缩效应，其中镍在磁场中的最大缩短量为其长度的 0.004%，铁和钴则在磁场中伸长，当磁场消失后又恢复原有尺寸，如图 9 - 7 所示。这种材料的棒杆在交换磁场中的长度将交变伸缩，其端面将交变振动。

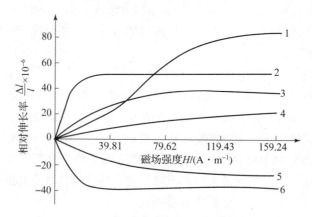

图9-7 几种材料的磁致伸缩曲线

1—$\omega(\text{Ni})75\% + \omega(\text{Fe})25\%$；2—$\omega(\text{Co})49\% + \omega(\text{V})2\% + \omega(\text{Ni})49\%$；3—$\omega(\text{Ni})6\% + \omega(\text{Fe})94\%$；

4—$\omega(\text{Ni})29\% + \omega(\text{Fe})71\%$；5—退火Co；6—Ni

　　为了减少高频涡流损耗，超声加工中常用纯镍叠成封闭磁路的镍棒换能器，如图9-8所示。在两芯柱上同向绕以线圈，通入高频电流使之伸缩，它比压电式换能器有更高的机械强度和更大的输出功率，常用于中功率和大功率的超声加工。其缺点是镍片的涡流发热损失较大，能量转化效率较低，故加工过程中需用水冷却，否则温度会升高，接近约200℃的居里点时，磁致伸缩效应将消失，线圈的绝缘材料也会被烧坏。

　　如果通入磁致伸缩换能器线圈中的电流是交流正弦波形，那么每一周的正半波和负半波将引起磁场两次大小变化，使换能器也伸缩两次，出现倍频现象。倍频现象会使振动节奏模糊，并使共振长度变短，对结构和使用均不利。为了避免出现这种不利的倍频现象，常在换能器的交流励磁电路中引入一个直流电源，叠加一个直流分量，使之成为脉动直流励磁电流，如图9-9所示，或者并联一个直流励磁绕组，加上一个恒定的直流磁场。

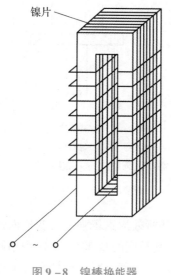

图9-8 镍棒换能器

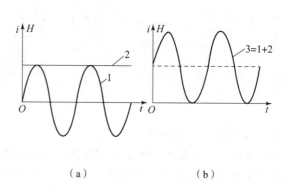

（a）　　　　　　　　（b）

图9-9 倍频现象

1—交流；2—直流；3—脉动直流

204

　　镍棒的长度也应等于超声波半波长或其整倍数，使之处于共振状态，故共振频率为20 kHz 左右的换能器，其长度约为 125 mm。

　　2）变幅杆（振幅扩大棒）

　　压电或磁致伸缩的变形量是很小的（即使在共振条件下其振幅也超不过 0.005 ~ 0.01 mm），不足以直接用于加工。超声加工需 0.01 ~ 0.1 mm 的振幅，因此必须通过一个上粗下细的棒杆将振幅加以扩大，此杆称为变幅杆或振幅扩大棒，如图 9 – 10 所示。

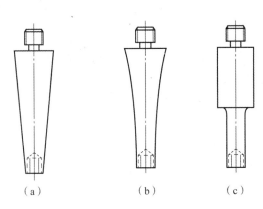

图 9 – 10　几种变幅杆

（a）锥形；（b）指数形；（c）阶梯形

　　变幅杆之所以能扩大振幅，是由于通过它的每一截面的振动能量是不变的（略去传播损耗）），截面小的地方能量密度大。由式（9 – 2）可知，能量密度 J 正比于振幅 A 的平方，即

$$A^2 = \frac{2J}{\rho c \omega^2}$$

所以

$$A = \sqrt{\frac{2J}{K}} \qquad (9-4)$$

式中：$K = \rho c w^2$ 是常数。

　　由式（9 – 4）可见，截面越小，能量密度就越大，振动振幅也就越大。

　　为了获得较大的振幅，应使变幅杆的固有振动频率和外激振动频率相等，使其处于共振状态。为此，在设计、制造变幅杆时，应使其长度 L 等于超声波振动的半波长或其整倍数。由于声速 c 等于波长 λ 乘以频率 f，即

$$c = \lambda f, \ \lambda = \frac{c}{f}$$

所以

$$L = \frac{\lambda}{2} = \frac{1}{2} \cdot \frac{c}{f}$$

式中：λ——超声波的波长；

　　　　c——超声波在物质中的传播速度（在钢中 $c = 5\,050$ m/s）；

　　　　f——超声波频率，加工时 f 可在 $16\,000 \sim 25\,000$ Hz 内调节，以获得共频状态。

由此可以计算出超声波在钢铁中传播的波长 $\lambda = 0.31 \sim 0.2$ m，故钢变幅杆的长度一般在半波长 $100 \sim 160$ mm 内。

变幅杆可制成锥形、指数形和阶梯形等，如图 9 – 10 所示。锥形的振幅扩大比较小（$5 \sim 10$ 倍），但易于制造；指数形的扩大比中等（$10 \sim 20$ 倍），使用中振幅比较稳定，但不易制造；阶梯形的扩大比较大（20 倍以上），也易于制造，但当它受到负载阻力时振幅减小的现象也较严重，扩大比不稳定，而且在粗、细过渡的地方容易产生应力集中而导致疲劳断裂，为此必须加过渡圆弧。实际生产中，加工小孔、深孔常用指数形变幅杆；阶梯形变幅杆因设计、制造容易，故一般也常采用。

必须注意，超声加工时并不是整个变幅杆和工具都在做上下高频振动，它和低频振动或工频振动的概念完全不一样。超声波在金属棒杆内主要以纵波形式传播，一般引起杆内各点沿波的前进方向按正弦规律在原地做往复振动，并以声速传导到工具端面，使工具端面做超声振动。对于工具端面：

瞬时位移量为

$$S = A\sin \omega t \tag{9-5}$$

最大位移量为

$$S_{\max} = A \tag{9-6}$$

瞬时速度为

$$v = \omega A\cos \omega t \tag{9-7}$$

最大速度为

$$v_{\max} = \omega A \tag{9-8}$$

瞬时加速度为

$$a = -\omega^2 A\sin \omega t \tag{9-9}$$

最大加速度为

$$a_{\max} = -\omega^2 A \tag{9-10}$$

式中：A——位移振幅；

ω——超声的角频率，$\omega = 2\pi f$；

f——超声频率；

t——时间。

设超声振幅 $A = 0.002$ mm，频率 $f = 20\,000$ Hz，可算出工具端面的最大速度 $v_{\max} = \omega A = 2\pi f A = 251.3$ mm/s，最大加速度 $a_{\max} = -\omega^2 A = 31\,582\,880$ mm/s^2 $= 31\,582.9$ m/s$^2 = 3\,223g$，是重力加速度 g 的 3 000 余倍。当振幅 $A = 0.01$ mm 时，工具端部的最大速度、最大加速度都将增大到上述各值的 5 倍，最大加速度值将是重力加速度 g 的 16 000 余倍。由此可见，其加速度都是很大的。

3）工具

超声波的机械振动经变幅杆放大后即传给工具，使磨粒和工作液以一定的能量冲击工件，并加工出一定的尺寸和形状。

工具的形状和尺寸取决于被加工表面的形状和尺寸，它们相差一个加工间隙（稍大于平均的磨粒直径）。当加工表面积较小时，工具和变幅杆制成一个整体，否则可将工具用焊接或螺纹连接等方法固定在变幅杆下端。当工具不大时，可以忽略工具对振动的影响；但当工具较大时，会降低声学头的共振频率；当工具较长时，应对变幅杆进行修正，使其满足半个波长的共振条件。

整个声学头的连接部分应接触紧密，否则超声波在传递过程中将损失很多能量。在螺纹连接处应涂以凡士林油，绝不可存在空气间隙，因为超声波通过空气时会很快衰减。超声换能器、变幅杆或整个声学头应选择在振幅为零的波节点（或称为驻波点）夹固支撑在机床上，如图 9 – 11 所示。

3. 机床主体

超声加工机床一般比较简单，包括支撑声学部件的机架及工作台、使工具以一定压力作用在工件上的进给机构及床体等部分。图 9 – 12 所示为国产 CSJ – 2 型超声加工机床简图。图 9 – 12 中 4、5、6 为声学部件，安装在一根能上下移动的导轨上，导轨由上、下两组滚动导轮定位，使导轨能灵活精密地上下移动。工具的向下进给及对工件施加的压力靠声学部件自重来实现，为了能调节压力大小，在机床后部有可加减的平衡重锤 2；也有采用弹簧或其他办法加压的。

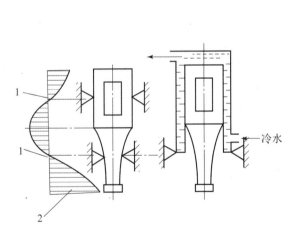

图 9 – 11　声学头的固定

1—波节点；2—振幅

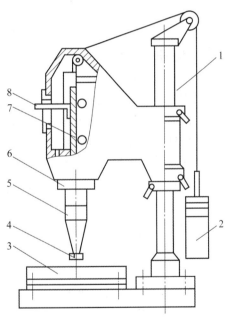

图 9 – 12　国产 CSJ – 2 型超声加工机床简图

1—支架；2—平衡重锤；3—工作台；4—工具；
5—变幅杆；6—换能器；7—导轨；8—标尺

4. 磨料工作液及其循环系统

简单的超声加工装置，其磨料是靠人工输送和更换的，即在加工前将悬浮磨料的工作液浇注堆积在加工区，加工过程中定时抬起工具并补充磨料；也可利用小型离心泵使磨料悬浮液搅拌后注入加工间隙中去。对于较深的加工表面，应将工具定时抬起，以利于磨料的更换和补充。

效果较好而又最常用的工作液是水，为提高表面质量，也可用煤油或机油作为工作液。

磨料常用碳化硼、碳化硅或氧化铝等，其粒度大小根据加工生产率和精度等要求来选定，颗粒大时生产率高，但加工精度及表面粗糙度较差。

任务二　超声加工的应用

任务导入

超声加工的生产率虽然比电火花、电解加工等低，但其加工精度和表面粗糙度都比它们好，而且能加工半导体、非导体的脆硬材料，如玻璃、石英、宝石、锗、硅甚至金刚石等。电火花加工后的一些淬火钢、硬质合金冲模、拉丝模、塑料模具，最后还常用超声抛磨进行光整加工。

超声振动还可强化电火花加工、线切割加工、电化学加工和激光加工等工艺过程，两者结合，取长补短，可以创新性地形成新的复合加工。

任务目标

知识目标

1. 掌握用超声波加工技术加工型孔和型腔的方法

2. 掌握超声波切割加工的方法

3. 掌握超声波复合加工的方法

4. 掌握超声波清洗的方法

5. 掌握超声塑料焊接的方法

能力目标

能够运用超声波加工技术进行不同类型的加工工作

素质目标

培养分析和解决问题的能力

知识链接

一、型孔、型腔加工

超声加工目前在各工业部门中主要用于对脆硬材料加工圆孔、型孔、型腔、微细孔及进行套料加工等，如图9-13所示。图9-13（a）中若使工具转动，则可以加工较深而圆度较高的孔；若用镀有聚晶金刚石的圆杆或薄壁圆管，则可以加工很深的孔或进行套料加工。

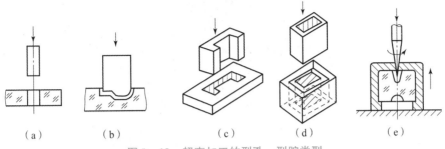

图 9 – 13 超声加工的型孔、型腔类型

（a）加工圆孔；（b）加工型腔；（c）加工异形孔；（d）套料加工；（e）加工微细孔

二、切割加工

用普通机械加工切割脆硬的半导体材料是很困难的，采用超声切割则较为有效。图 9 – 14 所示为超声切割单晶硅片示意图，用锡焊或铜焊将工具（薄钢片或磷青铜片）焊接在变幅杆的端部，加工时喷注磨料液，一次可以切割 10 ~ 20 单晶硅片。

图 9 – 15 所示为成批切槽（块）刀具，它采用了一种多刃刀具，即包括一组厚度为 0.127 mm 的软钢刃刀片，间隔 1.14 mm，铆合在一起，然后焊接在变幅杆上；刀片伸出的高度应足够在磨损后做几次重磨；最外边的刀片应比其他刀片高出 0.5 mm，切割时插入坯料的导槽中，起定位作用。

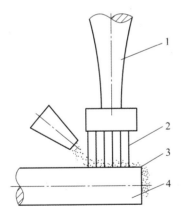

图 9 – 14 超声切割单晶硅片示意图

1—变幅杆；2—工具（薄钢片）；

3—磨料液；4—工件（单晶硅）

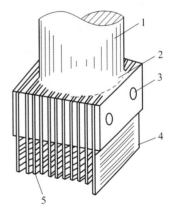

图 9 – 15 成批切槽（块）刀具

1—变幅杆；2—焊缝；3—铆钉；

4—导向片；5—软钢刀片

加工时喷注磨料液，将坯料片先切割成 1 mm 宽的长条，然后将刀具转过 90°，使导向片插入另一导槽中，进行第二次切割，以完成模块的切割加工。图 9 – 16 所示为切割成的陶瓷模块。

三、超声复合加工

在超声加工硬质合金、耐热合金等硬质材料时，加工速度较低，工具损耗较大。为了既提高加工速度又降低工件损耗，可以把超声加工和其他加工方法相结合进行复合加工。例如

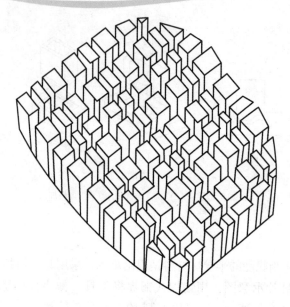

图 9 - 16　超声切割单晶硅片示意图

采用超声加工与电化学加工或电火花加工相结合的方法来加工喷油器、喷丝板上的小孔或窄缝，可以大大提高加工速度和质量。

1. 超声电解复合加工

图 9 - 17 所示为超声电解复合加工小孔和深孔的示意图，工件 5 接直流电源 6 的正极，工具 3（钢丝、钨丝或铜丝）接负极，工件与工具间施加 6～18 V 的直流电压，采用钝化型电解液混加磨料作为电解液，被加工表面在电解液中产生阳极溶解，电解产物阳极钝化膜被超声振动的工具和磨料破坏，由于超声振动引起的空化作用加速了钝化膜的破坏和磨料电解液的循环更新，从而使加工速度和质量大大提高。

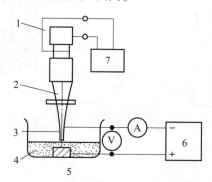

图 9 - 17　超声电解复合加工小孔和深孔示意图

1—换能器；2—变幅杆；3—工具；4—电解液和磨料；5—工件；6—直流电源；7—超声发生器

2. 超声电火花复合加工

超声电火花复合加工小孔、窄缝及精微异形孔时，可获得较好的工艺效果。方法是在普通电火花加工时引入超声波，使电极工具端面做超声振动，其装置与图 9 - 17 所示的类似，超声振动系统夹固在电火花加工机床主轴头的下部，电火花加工用的方波脉冲电源（RC 电路脉冲电源也可）加到工具和工件上（精加工时工件接正极），加工时主轴做伺服进给，工具端面做超声振动。当不加超声振动时，电火花精加工的放电脉冲利用率为3%～5%，加上超声振动后，电火花精加工时的有效放电脉冲利用率可提高到50%以上，从而提高生产率2～20倍。越是小面积、小用量的加工，相对生产率的提高倍数就越多。随着加工面积和加工用量（脉冲宽度、峰值电流、峰值电压）的增大，工艺效果逐渐不明显，与不加超声振动时的指标接近。

超声电火花复合精微加工时，超声功率和振幅不宜大，否则将引起工具端面和工件瞬时接触而频繁短路，导致电弧放电。

3. 超声抛光及电解超声复合抛光

超声振动还可用于研磨抛光电火花或电解加工之后的模具表面、拉丝模小孔等，可以改善表面粗糙度。超声研磨抛光时，工具与工件之间最好有相对转动或往复移动。

在光整加工中，利用导电磨石或镶嵌金刚石颗粒的导电工具，对工件表面进行电解超声复合抛光加工，更有利于改善表面粗糙度。如图9-18所示，用一套超声振动系统使工具头产生超声振动，并在超声变幅杆上接低压直流电源的负极，在被加工工件上接直流电源正极。电解液由外部导管导入工作区，也可以由变幅杆内的导管流入工作区，于是在工具和工件之间产生电解反应，工件表面发生电化学阳极溶解，电解产物和阳极钝化膜不断被高频振动的工具头刮除并被电解液冲走。由于有超声波的作用，磨石的自砺性好，电解液在超声波作用下的空化作用使工件表面的钝化膜去除加快，这相当于使金属表面凸起部分优先溶解，从而达到平整的效果，工具表面的粗糙度可达到 $Ra0.1$～

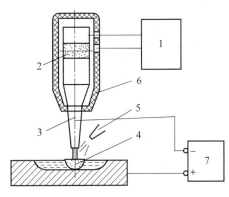

图9-18　手携式电解超声复合抛光原理图

1—超声发生器；2—压电陶瓷换能器；
3—变幅杆；4—导电磨石；
5—电解液喷嘴；6—工具手柄；
7—直流电源

$0.05~\mu m$。图9-19所示为超声切割金刚石示意图，金刚石4粘接在工具头3上，通过变幅杆2使金刚石做超声振动，转动着的切割圆片5和工件金刚石一起浸入金刚砂磨料的悬浮液中（若用金刚石圆锯片作为切割圆片5，则可不用金刚石磨料），并用重锤6轻轻施加一定的压力。利用超声振动磨削切割金刚石可大大提高生产率和节省金刚砂磨料的消耗。

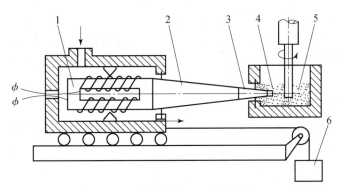

图9-19　超声切割金刚石示意图

1—换能器；2—变幅杆；3—工具头；4—金刚石（工件）；5—切割圆片（工具）；6—重锤

在切割加工中引入超声振动（如对耐热钢、不锈钢等硬韧材料车削、钻孔、攻螺纹时），可以降低切削力，改善表面粗糙度，延长刀具寿命和提高加工速度。图 9 – 20 所示为超声振动车削加工示意图。图 9 – 21 所示为纵向振动超声珩磨装置，可提高珩磨效率和效果。

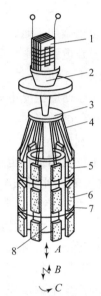

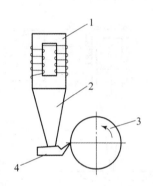

图 9 – 20　超声振动车削加工示意图

1—换能器；2—变幅杆；3—工件；4—车刀

图 9 – 21　纵向振动超声珩磨装置

1—纵向振动换能器；2—变幅杆；3—弯曲振动圆盘；
4—挠性杆；5，6—磨石；7—磨石座；8—珩磨头体；
A—磨石振动方向；B，C—往复运动和回转运动方向

四、超声清洗

超声清洗主要是基于超声振动在液体中产生的交变冲击波和空化作用进行的，液体中发生空化时，局部压力可高达上千个大气压，局部温度可达 5 000 K。超声波在清洗液（汽油、煤油、酒精、丙酮或水等）中传播时，液体分子往复高频振动产生正负交变的冲击波。当声强达到一定数值时，液体中急剧生长微小的空化气泡并瞬时强烈闭合，产生的微冲击波破坏被清洗物表面的污物，并从被清洗表面脱落下来，即使是被清洗物上的窄缝、细小深孔、弯孔中的污物，也很容易被清洗干净。虽然每个微气泡的作用并不大，但每秒有上亿个空化气泡在作用，就具有很好的清洗效果。所以超声振动被广泛用于喷油器、喷丝板、微型轴承、仪表齿轮、零件、手表整体机芯、印制电路板、集成电路微电子器件的清洗。图 9 – 22 所示为超声清洗装置示意图。

超声清洗时，清洗液会逐渐变脏，相当于盆汤洗澡，被清洗的表面总会有残余的污染物。采用超声气相淋浴清洗，则可以解决上述弊病，达到更好的清洗效果。超声气相淋浴清洗装置由超声清洗槽、气相清洗槽、蒸馏回收槽、水分分离器和超声发生器等组成，如图 9 – 23 所示。零件经过 5、6 槽两次超声清洗后，即悬吊于气相清洗槽 4 的上方进行气相清洗。气相清洗剂选用沸点低（40 ℃ ~ 50 ℃）、不易燃、化学性质稳定的有机溶剂，如三氯乙烯、三

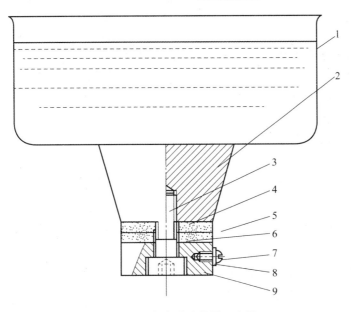

图 9 - 22　超声清洗装置示意图

1—清洗槽；2—变幅杆；3—压紧螺钉；4—压电陶瓷换能器；

5—镍片（＋）；6—镍片（－）；7—接线螺钉；8—垫圈；9—钢垫块

氯乙烷和氟氢化物等。当气相清洗槽内的溶剂被加热装置 9 加热后即迅速蒸发，蒸气遇零件后即在其表面凝结成雾滴对零件进行初步淋洗，在槽的上方有冷凝器 3，清洗液蒸气遇冷后即凝结下降，对工件进行彻底地淋浴清洗，最后回落到气相清洗槽中。超声清洗剂还可以通过独立的蒸馏回收槽回收重新使用。超声清洗槽的输出功率范围为 150～2 000 W，振荡频率为 28～46 kHz，各槽均装有过滤器，以滤除尺寸不小于 5 μm 的污物。

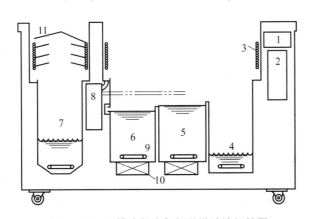

图 9 - 23　四槽式超声气相淋浴清洗机简图

1—操作面板；2—超声发生器；3，11—冷凝器；4—气相清洗槽；5—第二超声清洗槽；

6—第一超声清洗槽；7—蒸馏回收槽；8—水分分离器；9—加热装置；10—超声换能器

将一定频率和一定振幅的超声波引入液体，有时能使半固体颗粒粉碎细化，起到乳化作用，有时却能使乳化液分层，起到破乳作用，这些与超声的频率、振幅和功率有关。

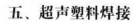
五、超声塑料焊接

目前，一种新颖的塑料加工技术——超声塑料焊接已经发展起来，其具有高效、优质、美观、节能等优越性。超声塑料焊接既不需要添加任何黏合剂、填料或溶剂，也不消耗大量热源，具有操作简便、焊接速度快、焊接强度与本体接近、生产率高等优点。图9-24所示为超声波焊接示意图。当超声作用于热塑性塑料的接触面时，每秒数万次的高频振动把超声

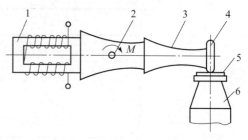

图9-24　超声波焊接示意图

1—换能器；2—固定轴；3—变幅杆；

4—焊接工具头；5—被焊工件；6—反射体

能量传送到焊区，两焊件交界处声阻大，会产生局部高温，接触面迅速熔化，在一定的压力作用下使其融合成一体。当超声停止作用后，让压力持续几秒，使其凝固定型，这样就形成了一个坚固的分子链，它的焊接强度接近原材料强度。超声塑料焊接的质量取决于振幅 A、压力 p 和焊接时间 t，焊接所需能量 $E = Apt$。

 任务拓展

超声加工的速度、精度、表面质量及其影响因素

1. 超声加工的速度及其影响因素

加工速度是指单位时间内去除材料的多少，单位通常为 g/min 或 mm^3/min，玻璃的最大加工速度可达 2 000 ~ 4 000 mm^3/min。影响加工速度的主要因素有：工具的振幅和频率、工具和工件间的进给压力、磨料的种类和粒度、磨料悬浮液的浓度、被加工材料等。

1）工具振幅和频率的影响

过大的振幅与过高的频率会使工具和变幅杆承受很大的内应力，可能超过它的疲劳强度而降低使用寿命，而且连接处的损耗也会增大，因此一般振幅在 0.01 ~ 0.1 mm，频率在 16 000 ~ 25 000 Hz。实际加工中应调至共振频率，以获得最大的振幅。

2）进给压力的影响

加工时工具对工件应有一个合适的进给压力，压力过小，则工具末端与工件加工表面间的间隙增大，从而减小了磨料对工件的撞击力和打击深度；压力过大，会使工具与工件间的间隙减小，导致磨料和工作液不能顺利循环更新，即过大、过小都将降低生产率。

一般而言，加工面积小时，单位面积的最佳进给压力可较大。例如，采用圆形实心工具在玻璃上加工孔时，加工面积在 5 ~ 13 mm^2 范围内，其最佳进给压力约为 400 kPa；当加工面积在 20 mm^2 以上时，最佳进给压力为 200 ~ 300 kPa。

3）磨料种类和粒度的影响

磨料硬度越高，加工速度越快，但要考虑加工成本。加工金刚石和宝石等超硬材料时，必须用金刚石磨料；加工硬质合金、淬火钢等高硬脆性材料时，宜采用硬度较高的碳化硼磨料；加工硬度不太高的脆硬材料时，可采用碳化硅；加工玻璃、石英、半导体等材料时，采用刚玉之类的氧化铝（Al_2O_3）作为磨料即可。另外，磨料粒度越粗，加工速度越快，但精

度和表面粗糙度会变差。

4）磨料悬浮液浓度的影响

磨料悬浮液浓度低时，加工间隙内磨粒少，特别是在加工面积和深度较大时可能造成加工区域无磨料的现象，使加工速度下降。随着悬浮液中磨料浓度的增大，加工速度也增大。但浓度太高时，磨粒在加工区域的循环运动和对工件的撞击运动受到影响，又会导致加工速度降低。通常采用的浓度为磨料与水的质量比为 0.5～1。

5）被加工材料的影响

被加工材料越脆，则承受冲击载荷的能力越低，因此越易被去除加工；反之韧性较好的材料则不易加工。若以玻璃的可加工性（生产率）为 100%，则锗、硅半导体单晶为 200%～250%，石英为 50%，硬质合金为 2%～3%，淬火钢为 1%，不淬火钢小于 1%。

2. 超声加工的精度及其影响因素

超声加工的精度，除受机床、夹具精度影响之外，主要与孔的加工范围、加工孔的尺寸精度、工具精度及磨损情况、工具横向振动大小、加工深度、被加工材料的性质等有关。一般加工孔的尺寸精度可达 ±(0.02～0.05) mm。

1）孔的加工范围

在通常的加工速度下，超声加工功率和最大加工孔径的关系见表 9-1。一般超声加工的孔径范围为 0.1～90 mm，深度可达直径的 10～20 倍或以上。

表 9-1　超声加工功率和最大加工孔径的关系

超声电源输出功率/W	50～100	200～300	500～700	1 000～1 500	2 000～2 500	4 000
最大加工不通孔直径/mm	5～10	15～20	25～30	30～40	40～50	>60
用中空工具加工最大通孔直径/mm	15	20～30	40～50	60～80	80～90	>90

2）加工孔的尺寸精度

当工具尺寸一定时，加工出的孔的尺寸将比工具尺寸有所扩大，加工出的孔的最小直径 D_{min} 约等于工件直径 D_t 加所用磨料磨粒平均直径 d_s 的两倍，即

$$D_{min} = D_t + 2d_s \qquad (9-12)$$

表 9-2 所示为几种磨料粒度及其基本磨粒的尺寸范围。

表 9-2　几种磨料粒度及其基本磨粒的尺寸范围

磨料粒度	F100	F120	F150	F220	F230	F340	F320	F400	F500	F600	F1000
基本磨粒尺寸范围/mm	125～100	100～80	80～63	63～50	50～40	40～28	28～20	20～14	14～10	10～7	7～5

超声加工孔的精度，在采用 F220～F230 磨粒时，一般可达 ±0.05 mm；采用 F320～F1000 磨粒时，可达 ±0.02 mm 或更高。此外，加工圆形孔时，其形状误差主要有圆度和锥度。圆度大小与工具横向振动大小和工具沿圆周磨损不均匀有关，锥度大小与工具磨损量有

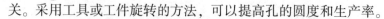

关。采用工具或工件旋转的方法，可以提高孔的圆度和生产率。

3. 超声加工的表面质量及其影响因素

超声加工具有较好的表面质量，不会产生表面烧伤和表面变质层。超声加工的表面粗糙度也较好，一般为 $Ra1 \sim 0.1 \mu m$，取决于每粒磨粒每次撞击工件表面后留下的凹痕大小，它与磨料颗粒的直径、被加工材料的性质、超声振动的振幅及磨料悬浮工作液的成分等有关。当磨料尺寸较小、工件材料硬度较大、超声振幅较小时，加工表面粗糙度将得到改善，但生产率也随之降低。磨料悬浮工作液的性能对表面粗糙度的影响比较复杂。实践表明，用煤油或润滑油代替水可降低表面粗糙度。

思考与练习

1. 超声振动所具有的功率为什么会比声振振动的功率大成百上千倍？

2. 超声加工时为什么要将超声系统调节成处于共振状态？共振时驻波点、波节和波腹是如何形成的？

3. 超声加工时进给系统有何特点？

4. 一个共振频率为 25 kHz 的磁致伸缩型超声清洗器底面中心点的最大振幅为 0.01 mm，试计算该点的最大速度和最大加速度。其最大加速度是重力加速度 g 的多少倍？如果共振频率为 50 kHz 的压电陶瓷型超声清洗器，底面中心点的最大振幅为 0.005 mm，则最大速度和加速度又是多少？

5. 超声波为什么能强化工艺过程？试举出几种超声波在工业、农业或其他行业中的应用。

6. 试述几种工艺加入超声系统后形成的复合加工工艺。

项目十 快速成形加工

项目简介

同学们观察图 10-1 中的零件，如何进行加工？若采用传统的车、铣、钻等方法是很难实现，甚至是无法加工的，本项目将介绍一种适合于加工这类结构零件的方法——快速成形技术。

随着全球市场一体化的形成，制造业的竞争愈加激烈，产品开发速度与制造技术的柔性日益成为企业发展的关键因素。在这种情况下，缩短产品开发的周期已逐渐成为制造业全球竞争的焦点。快速成形技术从 CAD 设计到完成原型制作通常只需数小时至几十个小时，能够快速、直接、精确地将设计思想转化为具有一定功能的实物模型或样件。与传统加工方法相比，其加工周期节约 70% 以上，对复杂零件尤其如此，并且成本与产品复杂程度无关，特别适合于复杂新产品的开发和单件小批量零件的生产；同时该制造技术具有较强的灵活性，能够以小批量甚至单件生产而不增加产品的成本。有些特殊复杂制件，由于只需单件生产，或少于 50 件的小批量生产，故一般均用快速成形技术直接进行成形，成本低，周期短。那么快速成形的基本原理是什么？它有哪些典型工艺？

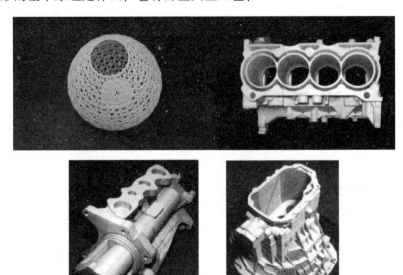

图 10-1 快速成形加工的零件

项目分解

任务一　认识快速成形技术

任务二　快速成形技术工艺及应用

项目目标

知识目标

1. 掌握快速成形技术的原理

2. 理解快速成形技术的特点

3. 掌握光固化快速成形的基本原理

4. 掌握激光选区烧结快速成形的基本原理

5. 掌握叠层实体制造的基本原理

6. 掌握熔融沉积制造的基本原理

7. 掌握三维打印快速成形的基本原理

能力目标

1. 能够初步分析快速成形原理

2. 能够根据零件特点合理选择成形技术

素质目标

1. 培养安全规范的生产意识

2. 培养严谨认真的工作作风

3. 培养分析和解决问题的能力

任务一　认识快速成形技术

任务导入

在这个时代里，一些神奇的事物将横空出世，你只需要拥有一台打印机，就可以使用塑料、金属等各种材料来打印出你想要的任何东西，如模具、个性化产品、飞机零部件甚至是人体器官。人们渐渐被这种神奇的机器所吸引，这就是快速成形技术。

任务目标

知识目标

1. 掌握快速成形技术的原理

2. 理解快速成形技术的特点

能力目标

能够初步分析快速成形原理

素质目标

培养分析和解决问题的能力

 知识链接

一、快速成形技术的概念和原理

快速成形制造技术（Rapid Prototyping&Manufacturing）是 20 世纪 80 年代问世并迅速发展起来的一项崭新的制造技术，是由 CAD 模型直接驱动的快速制造任意复杂形状三维实体技术的总称。它是机械工程、CAD、NC、激光技术、材料技术等多学科的综合渗透与交叉的体现，能自动、快速、直接、准确地将设计思想固化为具有一定功能的原型，或直接制造出零件，从而可以对产品设计进行快速评价、修改，响应市场需求，提高企业的竞争能力。快速成形制造技术的出现，反映了现代制造技术本身的发展趋势和激烈的市场竞争对制造技术发展的重大影响，可以说快速成形制造技术是近 40 年来制造技术领域的一次重大突破。快速成形技术利用所要制造零件的二维 CAD/CAM 模型数据直接生成产品原型，并且可以方便地修改 CAD/CAM 模型后重新制造产品原型，因而可以在不用模具和工具的条件下生成几乎任意复杂的零部件，极大地提高了生产效率和制造柔性。该技术已经广泛应用于航空、汽车、通信、医疗、电子、家电、玩具、军事装备、工业造型、建筑模型、机械行业等领域。

快速原型（Rapid Prototyping，RP）是快速成形（即快速制造）大家族中最早出现并发展的一种技术。在快速原型技术飞速发展的背景下，许多学者试图用更为宽泛的学术概念及更为明确的工程内容来命名这一领域。芬兰快速成形学者 Dr. Jukka Tuomi 建议将一切基于离散 – 堆积成形原理的成形方法统称为快速制造，再根据各种方法的特点冠以不同的名称，即：快速原型制造（Rapid Prototyping Manufacturing，RPM）、快速工具制造（Rapid Tooling Manufacturing，RTM）、快速模具制造（Rapid Mold Manufacturing，RMM）、快速生物模具制造（Rapid Biological Mold Manufacturing，RBMM）、快速支架制造（Rapid Scaffold Manufacturing，RSM）。

快速制造（快速成形）是快速原型制造向功能性零件制造方向发展的结果，是一类先进制造技术的总称，其本质与快速原型技术是相同的，由此可得出快速制造的定义：由产品三维模型数据直接驱动，组装（堆积）材料单元而完成任意复杂三维实体（不具使用功能）的科学技术的总称。其基本过程是首先完成被加工件的计算机三维模型（数字模型、CAD 模型），然后根据工艺要求，按照一定的规律将该模型离散为一系列有序的单元，通常在 Z 方向将其按一定厚度进行离散（分层、切片），把原 CAD 三维模型变成一系列层片的有序叠加；再根据每个层片的轮廓信息，输入加工参数，自动生成数控代码；最后由成形机完成一系列层片制造并实时自动地将它们连接起来，得到一个三维物理实体。这样就将一个复杂的三维加工转变成一系列二维层片的加工，因此大大降低了加工难度，这就是所谓的降维制造。由于成形过程为材料标准单元体的叠加，无须专用刀具和夹具，因而成形过程的难度与待成形物理实体形状的复杂程度无关，其技术原理与基本过程如图 10 – 2 和图 10 – 3 所示。

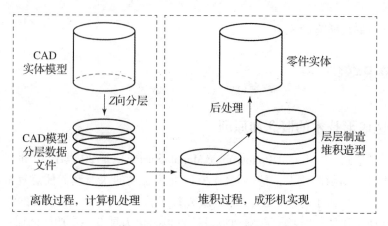

图 10 – 2　快速成形技术原理

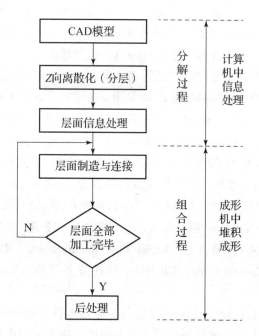

图 10 – 3　快速成形的基本过程

尽管 Rapid Prototyping 的英文原义是指快速原型，常简写为 RP，已成为学术界和工业界的专用术语，但它并不仅仅指快速原型，而是代表了一种成形概念，泛指快速成形过程，快速成形工艺方法和相应的软件、材料、设备以及整个技术链，即 RP 已被公认为泛指快速成形或快速成形制造。由于快速制造已用 RM（Rapid Manufacturing）代表，故 RP 不具有快速制造之意。本书中，成形的"形"不用"型"而用"形"，其意非指模型、型腔等而是指有形的物体，成形寓意为形成三维实体。在工程上，经常混淆 RP、RPM 原型与 RM 原型，事实上，它们在学术上是有明确的含义的。如果原型仅用来对设计进行评价，即原型仅具备对设计评价的功能，则此类原型应称为 RP 或 RPM 原型；若原型具备了非评价功能，如用来翻制模具或金属零件或陶瓷型等，则此类原型就应称为 RM 原型了。

二、快速成形技术的特点

快速成形技术的出现，开辟了不用刀具、模具而制作原型和各类零部件的新途径。从理论上讲，快速成形技术可以制造任意复杂形状的零部件，原料的利用率可达 100%。目前在工业应用中，采用专门的快速成形设备，最高精度可达到 0.01 mm，生产周期为每件数小时至每件数十小时。快速成形技术的出现，创立了产品开发研究的新模式，使设计师以前所未有的直观方式体会设计的感觉并迅速得到验证，检查所设计产品的结构、外形，从而使设计、制造工作进入了一个全新的境界。

快速成形技术具有以下几个基本特点：

（1）由 CAD 模型直接驱动。快速成形技术实现了设计与制造一体化，在快速成形工艺中，计算机中的 CAD 模型数据通过接口软件转化为可以直接驱动快速成形设备的数控指令，快速成形设备根据数控指令完成原型或零件的加工。由于快速成形以分层制造为基础，故可以较方便地进行路径规划，将 CAD 和 CAM 结合在一起，实现设计制造一体化，这也是直接驱动的含义。

（2）可以制造具有任意复杂形状的三维实体。快速成形技术由于采用分层制造工艺，将复杂的三维实体离散成一系列层片加工和加工层片的叠加，从而大大简化了加工过程，它可以加工复杂的中空结构，不存在三维加工中刀具干涉的问题，因此理论上讲可以制造具有任意复杂形状的原型和零件。

（3）快速成形设备是无须专用夹具或工具的通用机器。快速成形技术在成形过程中无须专用的夹具或工具，成形过程具有极高的柔性，这是快速成形非常重要的一个技术特征。对于不同的零件，不需要传统制造工艺中所需要的专用工装、模具或工具，而只需要建立 CAD 模型，调整和设置工艺参数，即可制造出符合要求的零件。快速成形设备是一种典型的通用加工设备。

（4）成形过程中无须人工干预或较少干预。快速成形是一种完全自动的成形过程，传统成形设备在成形过程开始时需要由操作者安装和调整毛坯，而对于快速成形工艺，则是材料在底板上逐渐堆积成形，不存在安装和调整的过程。整个成形过程中，操作者无须或较少干预；出现故障时设备会自动停止，发出警示并保留当前数据；完成成形过程后，机器会自动停止并显示相关结果。

（5）快速成形使用的材料具有多样性。快速成形技术具有极为广泛的材料可选性，其选材从高分子到金属材料、从有机到无机、从无生命到有生命（细胞），为快速成形技术广泛应用提供了前提，使其可以在航空、机械、家电、建筑、医疗、医学和生物等各个领域应用。此外，快速成形技术是边堆积边成形的，因此，它有可能在成形的过程中改变成形材料的组分，从而制造出具有材料梯度的零件，这是其他传统工艺难以做到的，也是快速成形技术与传统工艺相比的主要优势之一。因此，快速成形过程可将材料制备与材料成形紧密地结合起来。

快速成形技术的发展历程

快速成形技术的概念大约出现在 20 世纪 70 代末，而实际上采用分层制造原理堆积三维实体的思维雏形最早可追溯到 19 世纪。早在 1892 年，美国的 J. E. Blanther 在其申请的专利中就提出采用分层制造法构成地形图。1902 年，Carlo Bease 在其申请的专利中提到采用光敏聚合物制造塑料件的原理，这是光固化快速成形技术的初始设想。而 Pa L. Dimatteo 在其 1976 年的美国专利中明确提出，先用轮廓跟踪器将三维物体转化为二维轮廓薄片，然后用激光切割使这些薄片成形，再用螺钉、销钉将一系列薄片连接成三维物体。这些设想和现代的叠层实体制造（Laminated Object Manufacturing，LOM）技术的原理极为相似。1979 年，日本的 Nakagawa 教授开始采用分层制造技术制作实际的模具。上述的专利虽然提出了快速成形技术的基本原理，但是还很不完善。20 世纪 70 年代末到 80 年代初，美国的 Alan J. Hebert、日本的小玉秀、美国 UVP 公司的 Chareles W. Hull 等人相继独立地提出了快速原型概念。

20 世纪 80 年代，激光技术得到了高速的发展，高质量的激光束为材料的快速固化提供了先决条件，第一个快速成形工艺就是利用当时先进的激光技术来实现光固化树脂的逐点、逐层胶连固化而成形。Chareles W. Hull 在美国 UVP 公司的支持下，完成了一个自动三维成形装置 Sterolithography Apparatus – 1（SLA – 1），1986 年该系统获得了专利，这成为快速成形技术发展的一个里程碑。目前美国 3D Systems 公司是激光固化快速成形系统最大的生产和研究厂家。

激光选区烧结（Selective Laser Sintering，SLS）是由美国得克萨斯州大学奥斯汀分校的 Carl R. Deckard 于 1986 年提出的，采用激光束烧结粉末而成形，并获得了专利。1988 年研制成功了第一台 SLS 成形机，后由美国 B. F. Coodrich 公司投资的 DTM 公司将其商业化，推出 SLS Model125 成形机，随后推出了 Sintersation 系列成形机。在随后的近 40 年的时间里，各国的研究学者在 SLS 技术的成形工艺、方法、材料、成形效率、精度控制及其应用方面进行了大量的理论、实验研究和商业化开发工作。

叠层实体制造（Laminated Object Manufacturing，LOM）是快速原型技术中早期发展的技术之一，该工艺由美国的 Michael Feygin 首先提出，即用激光束切割簿材（如纸材）而层层粘接成形，于 1985 年获得了专利，并由 Helisys Inc. 公司于 1991 年推出 LOM1015、LOM2030 两种型号的成形机。

直接将材料（如塑料、蜡等）熔化并挤压喷出堆积成形，称为熔融沉积成形（Fused Deposition Modeling，FDM）工艺，是众多快速成形工艺中发展速度最快的工艺之一，1992 年美国的 S. Scott Crump 获得了 FDM 工艺的第一个专利。

美国麻省理工学院（MIT）的 E. M. Sachs 博士提出用喷射黏结剂微滴粘连铺平粉层的粉末，实现局部的固结，逐层制造而获得三维实体模型的三维打印工艺 3DP（Three Dimension Printing）。E. M. Sachs 于 1993 年获得专利，Z Corp 和 Soligen 等许多公司购买了 3DP 的专利权。

　　我国于 20 世纪 90 年代初先后有武汉华中科技大学快速制造中心、陕西省激光快速成形与模具制造工程研究中心、西安交通大学先进制造技术研究所、北京隆源自动成型系统有限公司、北京清华大学殷华实业有限公司等在快速成形工艺研究、成形设备开发、数控处理及控制软件、新材料的研发等方面做出了大量卓有成效的工作，赶上了世界发展的步伐并有所创新，现已开发研制出系列化的快速成形商品化设备并可订购，并定期举办快速成形技术培训班。我国中国机械工程学会下属的特种加工学会于 2001 年增设了快速成形专业委员会，开展快速成形技术的普及和提高工作。

任务二　快速成形技术工艺及应用

任务导入

　　快速成形技术（简称 RP 技术）是在现代 CAD/CAM 技术、激光技术、计算机数控技术、精密伺服驱动技术以及新材料技术的基础上集成发展起来的。不同种类的快速成形系统因所用成形材料不同，成形原理和系统特点也各有不同。但是，其基本原理都是一样的，那就是"离散原型""分层制造""逐层叠加"，这种工艺可以形象地叫作"增长法"或"加法"，类似于数学上的积分过程，形象地讲，快速成形系统就像是一台"立体打印机"。

任务目标

知识目标
1. 掌握光固化快速成形的基本原理
2. 掌握激光选区烧结快速成形的基本原理
3. 掌握叠层实体制造的基本原理
4. 掌握熔融沉积制造的基本原理
5. 掌握三维打印快速成形的基本原理
能力目标
能够根据零件特点合理选择成形技术
素质目标
培养分析和解决问题的能力

知识链接

　　自 1986 年第一台快速成形设备出现至今，30 多年来，世界上已有 20 多种不同的成形方法和工艺，而且新方法和工艺不断地出现，各种方法均具有自身的特点和适用范围。比较成熟的典型工艺有光固化快速成形（SLA）、激光选区烧结（SLS）、叠层实体制造（LOW）、

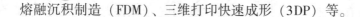

熔融沉积制造（FDM）、三维打印快速成形（3DP）等。

一、光固化快速成形工艺

1. 光固化快速成形的基本原理

光固化快速成形（SLA），又称为立体光刻、光成形等，是基于液态光敏树脂的光聚合原理工作的。这种液态材料在一定波长（$\lambda = 325$ nm）和功率（$P = 30$ mW）的紫外光的照射下能迅速发生光聚合反应，分子量急剧增大，材料从液态转变成固态。

图 10-4 所示为 SLA 工艺原理图。液槽中盛满液态光敏树脂，激光束在偏转镜的作用下在液体表面上扫描，扫描的轨迹及激光的有无均由计算机控制，光点扫描到的地方液体就固化。在成形开始时，工作平台托盘 5 在液面下一个确定的深度，液面始终处于激光的焦点平面内，聚焦后的光斑在液面上按计算机的指令逐点扫描即逐点固化。当一层扫描完成后，未被照射的地方仍是液态树脂，然后升降台带动托盘 5 的平台使其高度下降一层（约 0.1 mm），已成形的层面上又布满一层液态树脂，刮平器将黏度较大的树脂液面刮平，然后再进行下一层的扫描，新的一层固体牢固地粘在前一层上。如此重复，直到整个零件制造完毕，得到一个三维实体原型，最后对零件进行打磨或者上漆，以提高其表面质量。

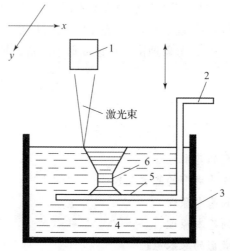

图 10-4 SLA 工艺原理图

1—扫描镜；2—Z 轴升降台；3—树脂槽；4—光敏树脂；5—托盘；6—零件

2. 光固化快速成形工艺的特点

光固化快速成形工艺作为快速成形技术的一种，所依据的仍然是离散—堆积成形原理。但是，由于层片成形机理的特点，导致光固化快速成形工艺具有以下特点：

1）成形精度高

由于光固化工艺的扫描机构通常都采用振镜扫描头，故光点的定位精度和重复精度非常高，成形时扫描路径与零件实际截面的偏差很小；另一方面，激光光斑的聚焦半径可以做得很小，目前光固化工艺中最小的光斑可以做到 $\phi25$ μm，所以与其他快速成形工艺相比，光固化工艺成形细节的能力非常好。

2）成形速度较快

美国、日本、德国和我国的商品化光固化成形设备均采用振镜系统（两面振镜）来控制激光束在焦平面上的扫描。325～355 nm 的紫外激光热效应很小，无须镜面冷却系统，轻巧的振镜系统可保证激光束获得极大的扫描速度，加之功率强大的半导体激励固体激光器（其功率在 1 000 mW 以上），故使目前商品化的光固化成形机的最大扫描速度可达 10 m/s 以上。

3）扫描质量好

现代高精度的焦距补偿系统可以实时地根据平面扫描光程差来调整焦距，保证在较大的成形扫描平面（600 mm×600 mm）内具有很高的聚焦质量，任何一点的光斑直径均限制在要求的范围内，较好地保证了扫描质量。

4）成形件表面质量好

由于成形时加工工具与材料不接触，成形过程中不会破坏成形表面或在上面残留多余材料，因此光固化成形工艺的零件表面质量很高；另一方面，光固化成形可以采用非常小的分层厚度，目前的最小层厚达 25 μm，因此成形零件的台阶效应非常小，成形件的表面质量非常高。

5）成形过程中需要添加支撑

由于光敏树脂在固化前为液态，所以成形过程中对于零件的悬臂部分和底面都需要添加必要的支撑。支撑既需要有足够的强度来固定零件本体，又必须便于去除。由于支撑的存在，零件的下表面质量均差于没有支撑的上表面。

6）成形成本高

光固化设备中的紫外线固体激光器和扫描振镜等组件价格都比较昂贵，从而导致设备的成本较高；另一方面，成形材料光敏树脂的价格也非常高，所以与熔融挤压成形、分层实体制造等快速成形工艺相比，光固化工艺的成形成本要高得多，但光固化成形设备的结构与系统比较简单。振镜扫描系统与绘图机式扫描系统相比，既简单高效又十分可靠。

SLA 工艺的优点是精度较高，一般尺寸精度可控制在 0.01 mm；表面质量好；原材料利用率接近 100%；能制造形状特别复杂、精细的零件；设备市场占有率很高。缺点是需要设计支撑；可以选择的材料种类有限，制件容易发生翘曲变形，材料价格较昂贵。该工艺适合比较复杂的中小型零件的制作。

二、激光选区烧结快速成形工艺

1. 激光选区烧结快速成形的基本原理

激光选区烧结（SLS）工艺，又称为选择性激光烧结成形，它是采用红外激光作为热源来烧结粉末材料，并以逐层堆积的方式成形三维零件的一种快速成形技术。

如图 10-5 所示，此法采用 CO_2 激光器作能源，目前使用的造型材料多为各种粉末材料。在工作台上均匀铺上一层很薄（0.1～0.2 mm）的粉末，激光束在计算机控制下按照零件分层轮廓有选择性地进行烧结，一层完成后再进行下一层烧结，全部烧结完成后去掉多余的粉末，再进行打磨、烧干等处理便获得零件。

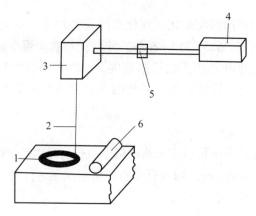

图 10-5　SLS 工艺原理图

1—零件；2—激光束；3—扫描镜；4—激光器；5—透镜；6—刮平辊子

2. 激光选区烧结快速成形的特点

与其他 RP 工艺相比，SLS 工艺具有以下特点：

（1）可以成形几乎任意几何形状结构的零件，尤其适于生产形状复杂、壁薄、带有雕刻表面和内部带有空腔结构的零件。对于含有悬臂结构、中空结构和槽中套槽结构的零件制造特别有效，而且成本较低。

（2）SLS 工艺无须支撑。SLS 工艺中当前层之前各层没有被烧结的粉末起到了自然支撑当前层的作用，所以省时省料，同时降低了对 CAD 设计的要求。

（3）SLS 工艺可使用的成形材料范围广。任何受热黏结的粉末都可能被用作 SLS 原材料，包括塑料、陶瓷、尼龙、石蜡、金属粉末及它们的复合粉。

（4）可快速获得金属零件。易熔消失模料可代替蜡模直接用于精密铸造，而不必制作模具和翻模，因而可通过精铸快速获得结构铸件。

（5）未烧结的粉末可重复使用，材料浪费极小。

（6）应用面广。由于成形材料的多样化，使得 SLS 适合于多种应用领域，如原型设计验证、模具母模、精铸熔模、铸造型壳和型芯等。

SLS 工艺的优点是原型件机械性能好，强度高；无须设计和构建支撑；可选材料种类多且利用率高（100%）。缺点是制件表面粗糙，疏松多孔，需要进行后处理。

三、叠层实体制造快速成形工艺

1. 叠层实体制造快速成形的基本原理

LOM 工艺采用薄片材料（如纸、塑料薄膜等）作为成形材料，片材表面事先涂覆上一层热熔胶。加工时，用 CO_2 激光器（或刀）在计算机控制下按照 CAD 分层模型轨迹切割片材，然后通过热压辊热压，使当前层与下面已成形的工件层黏结，从而堆积成形。

图 10-6 所示为 LOM 工艺原理图。用 CO_2 激光器在刚黏结的新层上切割出零件截面轮廓和工件外框，并在截面轮廓与外框之间多余的区域内切割出上下对齐的网格；激光切割完成后，升降工作台带动已成形的工件下降，与带状片材（料带）分离；供料机构

转动收料轴和供料轴，带动料带移动，使新层移到加工区域；升降工作台上升到加工平面，热压辊热压，工件的层数增加一层，高度增加一个料厚，再在新层上切割截面轮廓。如此反复直至零件的所有截面切割、黏结完，所得到的是包含零件的方体。零件周围的材料由于激光的网格式切割，而被分割成一些小的方块条，能容易地从零件上分离，最后得到三维的实体零件。

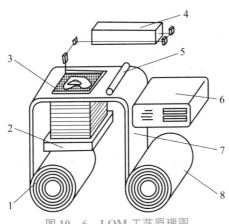

图 10 - 6　LOM 工艺原理图

1—收料轴；2—升降台；3—加工平面；4—CO_2 激光器；5—热压辊；
6—控制计算机；7—料带；8—供料轴

2. 叠层实体制造快速成形的特点

从叠层实体制造的工艺过程可以看出其具有以下特点：

（1）LOM 工艺只需在片材上切割出零件截面的轮廓，而不用扫描整个截面。因此易于制造大型、实体零件。

（2）工件外框与截面轮廓之间的多余材料在加工中起到了支撑作用，所以 LOM 工艺无须加支撑。

（3）制件的内应力和翘曲变形小，制造成本低。

（4）材料利用率低，种类有限。LOM 工艺的成形材料常用成卷的纸，纸的一面事先涂覆一层热熔胶，偶尔也有用塑料薄膜作为成形材料。

（5）表面质量差，内部废料不易去除，后处理难度大。

四、熔融沉积制造快速成形工艺

1. 熔融沉积制造快速成形的基本原理

熔融沉积成形（FDM）工艺是一种利用喷嘴熔融、挤出丝状成形材料，并在控制系统的控制下按一定扫描路径逐层堆积成形的一种快速成形工艺。其工艺原理如图 10 - 7 所示，即材料先抽成丝状，通过送丝机构送进喷嘴，由喷嘴将丝状的成形材料熔融、挤出，喷嘴在 $x - y$ 扫描机构的带动下沿层面模型规定的路线进行扫描、堆积熔融的成形材料。一层扫描完毕后，底板下降或者喷嘴升高一个层厚高度，重新开始下一层的成形。依此逐层成形直至完成整个零件。

2. 熔融沉积制造快速成形的特点

熔融沉积制造快速成形具有以下特点：

（1）成形材料广泛。一般的热塑性材料如塑料、蜡、尼龙、橡胶等，做适当改性后都可用于熔融挤出堆积成形。目前已经成功应用于 FDM 工艺的材料有蜡、ABS、PC、ABS/PC 合金以及 PPSF等，其中 ABS 工程塑料是目前 FDM 工艺中应用最广泛的成形材料，也是成形工艺中最成熟、最稳定的一类成形材料。即使同一种材料也可以做出不同的颜色和透明度，从而制出彩色零件。该工艺也可以堆积复合材料零件，如把低熔点的蜡或塑料熔融

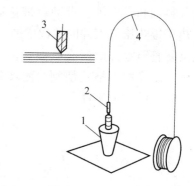

图 10 – 7　熔融沉积制造快速成形技术原理
1—成形工件；2，3—加热喷头；4—料丝

时与高熔点的金属粉末、陶瓷粉末、玻璃纤维、碳纤维等混合作为多相成形材料。

FDM 工艺成形时需要支撑结构，支撑材料可与成形材料异类异种，也可以是同种材料。随着可溶解性支撑材料的引入，使得 FDM 工艺支撑结构去除的难度大大降低。

（2）成形零件具有优良的综合性。FDM 工艺成形 ABS、PC 等常用工程塑料的技术已经成熟，经检测使用 ABS 材料成形的零件力学性能可达到注塑模具零件的 60% ~ 80%，使用 PC 材料制作的零件的机械强度、硬度等指标已经达到或超过注塑模具生产的 ABS 零件的水平，因此可用 FDM 工艺直接制造满足实际使用要求的功能零件。

此外 FDM 工艺制作的零件在尺寸稳定性、对湿度等环境的适应能力上要远远超过 SLA、LOM 等其他成形工艺成形的零件。

（3）成形设备简单，价格低廉，可靠性高。FDM 成形工艺是靠材料熔融实现连接成形的。由于不使用激光器及其电源，故大大简化了设备，使设备尺寸减小、成本降低。一台熔融挤出堆积成形设备一般为几万到十几万美元，而其他快速成形设备一般要十几万至几十万美元。熔融堆积成形设备运行、维护也十分容易，工作可靠。

（4）成形过程对环境无污染。熔融堆积成形所用材料一般为无毒、无味的热塑性材料，因此对周围环境不会造成污染；设备运行时噪声很小，适合于办公应用。

（5）容易制成桌面化和工业化快速成形系统。桌面制造系统是快速成形领域产品开发的一个热点，快速成形系统作为三维 CAD 系统输出外部设备而广泛被人们所接受。由于是在办公室环境中使用，因此要求桌面制造系统体积小，操作、维护简单，噪声、污染少，且成形速度快，但精度要求可适当降低。

五、三维打印快速成形工艺

1. 三维打印快速成形的基本原理

三维打印（Three Dimension Printing，3DP）快速成形工艺是美国麻省理工学院 E. M. Sachs 教授等学者开发的一种快速成形工艺，并于 1993 年申请了 3 个专利。与激光选区烧结工艺一样，该工艺的成形材料也需要制备成粉末状，所不同的是，3DP 是采用喷射黏结剂黏结粉末的方法来完成成形过程的。其具体过程如下：首先，底板上铺一层具有一定厚度的粉末；接着用微滴喷射装置在已铺好的粉末表面根据零件几何形状的要求在指定区域喷

射黏结剂，完成对粉末的黏结；然后，工作平台下降一定的高度（一般与一层粉末厚度相等），铺粉装置在已成形粉末上铺设下一层粉末，喷射装置继续喷射以实现黏结。周而复始，直到零件制造完成。没有被黏结的粉末在成形过程中起到了支撑的作用，使该工艺可以制造悬臂结构和复杂内腔结构而不需要再单独设计添加支撑结构。造型完成后清理掉未黏结的粉末就可以得到需要的零件，其工艺流程如图10-8所示。在某些情况下，还需要进行类似于烧结的后处理工作。

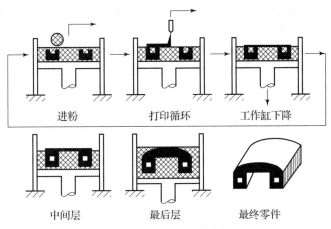

图 10-8　3DP 工艺流程

2. 三维打印快速成形工艺的特点

3DP工艺最大的特点是采用了数字微滴喷射技术。数字微滴喷射技术是指在数字信号的控制下，采用一定的物理或者化学手段，使工作腔内流体材料的一部分在短时间内脱离母体，成为一个（组）微滴（Droplets）或者一段连续丝线，以一定的响应率和速度从喷嘴流出，并以一定的形态沉积到工作台上的指定位置。图10-9所示为数字微滴喷射技术示意图，一次数字脉冲的激励得到一个射流脉冲，射流脉冲的大小与激励信号的脉宽有关，当这个激励信号的脉宽极小时，射流（实际上已被离散为尺度为数十至数百微米大小的微滴）成为一个微单元（即一个微滴），可用数字技术中"位"的概念来描述，此时模型成为一种新的数字执行器的原型，喷嘴的流量由数字激励信号的频率和脉宽来进行控制。当射流连续喷射时，可视为激励信号输出全为"1"的特例。

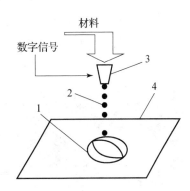

图 10-9　数字微滴喷射技术示意图
1—成形件；2—微滴；
3—微滴喷头；4—工件平台

基于数字微滴喷射技术的3DP工艺具有以下特点：

（1）成形效率高。由于可以采用多喷嘴阵列，因此能够大大提高造型效率。

（2）成本低，结构简单，易于小型化。微滴喷射技术无须使用激光器等高成本设备，故其成本相对较低，而且结构简单，可以进一步结合微机械加工技术，使系统集成化、小型化，是实现办公室桌面化系统的理想选择。

（3）可适用的材料非常广泛。从原理上讲，只要一种材料能够被制备成粉末即可能应用到3DP工艺中。在所有快速成形工艺中，3DP工艺最早实现了陶瓷材料的快速成形。目前其成形材料已经包括塑料、陶瓷和金属材料等。

任务拓展

快速成形技术已在工业造型、机械制造、航空航天、生物、军事、建筑、影视、家电、轻工、医学、考古、文化艺术、雕刻、首饰等领域都得到了广泛应用，并且随着这一技术本身的发展，其应用领域将不断拓展。

一、光固化快速成形的应用

光固化成形的应用有很多方面，可直接制作各种树脂功能件，用作结构验证和功能测试；可制作比较精细和复杂的零件，可制造出透明效果的元件；制造出来的原型可快速翻制各种模具，如硅橡胶模、金属冷喷模、陶瓷模、合金模、电铸模、环氧树脂模和消失模等。

（1）电器行业：家用电器的外观设计要求越来越高，这使得电器产品外壳零部件的快速制作具有广泛的市场要求，而光固化原型的树脂品质是最适合于电器塑料外壳的功能要求的，因此光固化快速原型在电器制造业中有相当广泛的应用。

（2）赛车行业：赛车每个微小的改动都有可能显著提高车速，因此赛车也极其重视零部件的高效设计和一些塑料、橡胶或金属零件的快速制造。

（3）航空领域：航空发动机上的许多零件都是经过精密铸造来制造的，对于高精度的木模制造，传统工艺的成本很高，且制作时间长，而用SLA工艺可以直接制造熔模铸造的母模，时间和成本可以得到显著降低。

（4）医疗领域：SLA工艺在医疗领域也有广泛的应用，包括人体器官的教学和交流模型、手术规划与演练模型、植入体、手术器械的开发等。

图10-10所示为利用SLA技术制造的零件。

图10-10　利用SLA技术制造的零件

二、激光选区烧结快速成形的应用

SLS激光粉末烧结的应用范围与SLA工艺类似，主要应用于航空航天、汽车制造、船舶、医疗等领域，可直接用于制作各种高分子粉末材料的功能件，用于结构验证和功能测试，并可用于装配样机。制件可直接作精密铸造用的蜡模和砂型、型芯，制作出来的原型件可快速翻制各种模具，如硅橡胶模、金属冷喷模、陶瓷模、合金模、电铸模、环氧树脂模和气化模等。

图 10 – 11 所示为利用 SLS 技术制造的零件。

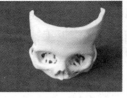

图 10 – 11　利用 SLS 技术制造的零件

三、叠层实体制造快速成形的应用

叠层实体制造快速成形工艺和设备由于其成形材料（纸张）较便宜，运行成本和设备投资较低，故获得了一定的应用，通常可以用来制作汽车发动机曲轴、连杆、各类箱体、盖板等零部件的原型样件。

图 10 – 12 所示为利用 LOM 技术制造的零件。

图 10 – 12　利用 LOM 技术制造的零件

四、熔融沉积制造快速成形的应用

熔融沉积制造快速成形的一大优点是可以成形任意复杂程度的零件，经常用于成形具有很复杂的内腔和孔的零件。

图 10 – 13 所示为利用 FDM 技术制造的零件。

图 10 – 13　利用 FDM 技术制造的零件

五、三维打印快速成形的应用

3DP 技术凭借其独特优势广泛应用于汽车制造、造鞋业、教育、日用品、概念模型、金属铸造、有限元分析应用及功能性测试中。

Timberland（天木蓝）公司利用三维模型直接制备鞋模，取代了传统制备方法并取得了极高的效益。鞋底模型传统加工方法是：由模型造型技术人员根据二维 CAD 绘图制造出木头和泡沫的三维模型，每一个模型不但要花费 1 200 多美元，而且要花费几天时间。如果制造时稍有不慎和设计有偏差，还需返工，拉长了研发周期。使用 Z510 三维打印机制造鞋底模型，不仅使成本降低至每个约 30 美元，而且使时间缩短至 2 h 以内。通过不同色彩的喷涂打印，不但可以使产品模型栩栩如生，而且可以显示内底的压力点和干涉情况。更为重要地是，快速成形模型与原三维 CAD 模型完全吻合。图 10 - 14 所示为 Z510 快速成形设备制造的鞋底模型。

图 10 - 14   Z510 快速成形设备制造的鞋底模型

思考与练习

1. 快速成形技术的基本原理是什么？
2. 快速成形技术与传统机械加工技术有什么区别？
3. 快速成形技术能给制造业带来什么效益？
4. 快速成形技术有哪些主要应用？
5. 什么是 SLA 工艺？有什么特点？
6. 什么是 SLS 工艺？有什么特点？
7. 什么是 LOM 工艺？有什么特点？
8. 什么是 FDM 工艺？有什么特点？
9. 什么是 3DP 工艺？有什么特点？

参 考 文 献

[1] 刘晋春，白基成，郭永丰．特种加工 [M]．5 版．北京：机械工业出版社，2014.

[2] 白基成．特种加工 [M]．6 版．北京：机械工业出版社，2016.

[3] 周旭光．模具特种加工技术 [M]．2 版．北京：人民邮电出版社，2014.

[4] 刘志东．特种加工 [M]．北京：北京大学出版社，2014.

[5] 李玉青．特种加工技术 [M]．北京：机械工业出版社，2016.

[6] 白基成，郭永丰，杨晓冬．特种加工技术 [M]．哈尔滨：哈尔滨工业大学出版社，2015.

[7] 申如意．特种加工技术 [M]．北京：中国劳动社会保障出版社，2014.

[8] 杨武成．特种加工 [M]．西安：西安电子科技大学出版社，2009.